"十三五"高等院校数字艺术精品课程规划教材

全彩慕课版

Photoshop CC
核心应用案例教程

周建国 马莹莹 主编 / 姚晓艳 高倩 曾晖 副主编

人民邮电出版社

北 京

图书在版编目（CIP）数据

Photoshop CC核心应用案例教程：全彩慕课版 / 周
建国，马莹莹主编. -- 北京 ：人民邮电出版社，
2019.9（2024.6 重印）
　　"十三五"高等院校数字艺术精品课程规划教材
　　ISBN 978-7-115-49512-9

　　Ⅰ. ①P… Ⅱ. ①周… ②马… Ⅲ. ①图象处理软件—
高等学校—教材 Ⅳ. ①TP391.413

　　中国版本图书馆CIP数据核字(2018)第228069号

内 容 提 要

　　本书全面系统地介绍了 Photoshop CC 的基本操作技巧和核心功能，包括初识 Photoshop、
Photoshop 基础知识、常用工具的使用、抠图、修图、调色、合成、特效和商业案例等内容。

　　全书内容介绍均以课堂案例为主线，每个案例都有详细的操作步骤，可以使学生快速熟悉软件
功能并领会设计思路。每章的软件功能解析部分使学生能够深入学习软件功能和制作特色。主要章
节的最后还安排了课堂练习和课后习题，可以拓展学生对软件的实际应用能力。商业案例可以帮助
学生快速地掌握商业图形图像的设计理念和设计元素，顺利达到实战水平。

　　本书可作为高等院校数字媒体艺术类专业相关课程的教材，也可供初学者自学参考。

　　◆ 主　　编　周建国　马莹莹
　　　副 主 编　姚晓艳　高 倩　曾 晖
　　　责任编辑　桑　珊
　　　责任印制　马振武
　　◆ 人民邮电出版社出版发行　　北京市丰台区成寿寺路 11 号
　　　邮编　100164　电子邮件　315@ptpress.com.cn
　　　网址　http://www.ptpress.com.cn
　　　雅迪云印（天津）科技有限公司印刷
　　◆ 开本：787×1092　1/16
　　　印张：13.75　　　　　　　　　2019 年 9 月第 1 版
　　　字数：345 千字　　　　　　　2024 年 6 月天津第 15 次印刷

定价：69.80 元

读者服务热线：(010)81055256　印装质量热线：(010)81055316
反盗版热线：(010)81055315
广告经营许可证：京东市监广登字 20170147 号

FOREWORD ———————————————— 前 言

Photoshop 简介

Photoshop 是由 Adobe 公司开发的图形图像处理和编辑软件。它在图像处理、视觉创意、数字绘画、平面设计、包装设计、界面设计、产品设计、效果图处理等领域都有广泛的应用，功能强大、易学易用，深受图形图像处理爱好者和平面设计人员的喜爱，已经成为这一领域最流行的软件之一。

作者团队

新架构互联网设计教育研究院由顶尖商业设计师和院校资深教授创立。立足数字艺术教育 16 年，出版图书 270 余种，畅销 370 万册，《中文版 Photoshop 基础培训教程》销量超 30 万册，海量的专业案例、丰富的配套资源、实用的行业操作技巧、核心内容的把握、细腻的学习安排，为学习者提供足量的知识、实用的方法、有价值的经验，助力其不断成长。为教师提供课程标准、授课计划、教案、PPT、案例、视频、题库、实训项目等一站式教学解决方案。

如何使用本书

Step1 精选基础知识，结合慕课视频，快速上手 Photoshop

Step2 课堂案例 + 软件功能解析，边做边学软件功能，熟悉设计思路

抠图 + 修图 + 调色 + 合成
+ 特效 5 大核心功能

了解目标和要点

精选典型商业案例

文字 + 视频步骤详解

扫码看扩展案例详细步骤

完成案例后
深入学习软件功能和制作特色

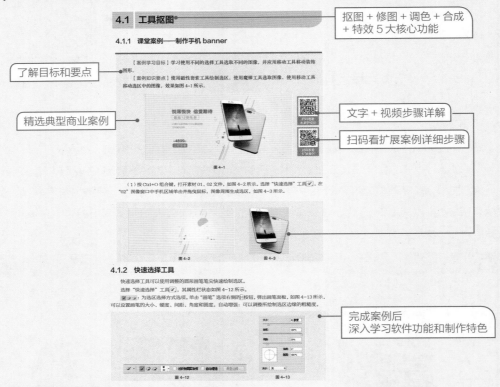

Step3 课堂练习 + 课后习题，拓展应用能力

更多商业案例

扫码看操作视频

训练本章所学知识

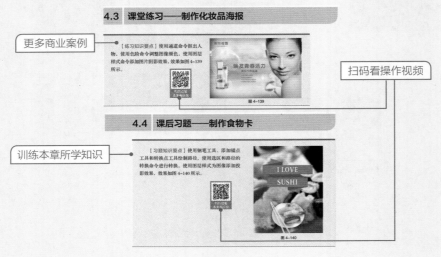

Step4 综合实战，结合扩展设计知识，演练真实商业项目制作过程

配套资源及获取方式

- 所有案例的素材及最终效果文件。
- 案例操作视频，扫描书中二维码即可观看。
- 扩展案例，扫描书中二维码，即可查看扩展案例操作步骤。
- 商业案例详细步骤，扫描书中二维码，即可查看第9章商业案例详细操作步骤。
- 设计基础知识＋设计应用知识，扩展阅读资源。
- 常用工具速查表、常用快捷键速查表。
- 全书9章PPT课件。

● 教学大纲。

● 教学教案。

全书配套资源，读者可登录人邮教育社区（www.ryjiaoyu.com），在本书页面中免费下载使用。

全书慕课视频，登录人邮学院网站（www.rymooc.com）或扫描封底的二维码，使用手机号码完成注册，在首页右上角单击"学习卡"选项，输入封底刮刮卡中的激活码，即可在线观看视频。扫描书中二维码也可以使用手机观看视频。

教学指导

本书的参考学时为 64 学时，其中实训环节为 34 学时，各章的参考学时参见下面的学时分配表。

章	课程内容	学时分配	
		讲授	实训
第 1 章	初识 Photoshop	2	
第 2 章	Photoshop 基础知识	2	2
第 3 章	常用工具的使用	2	4
第 4 章	抠图	4	4
第 5 章	修图	4	4
第 6 章	调色	4	4
第 7 章	合成	4	4
第 8 章	特效	4	4
第 9 章	商业案例	4	8
学时总计		30	34

本书约定

本书案例素材所在位置：云盘 / 章号 / 素材 / 案例名，如云盘 /Ch08/ 素材 / 制作大头娃娃照。

本书案例效果文件所在位置：云盘 / 章号 / 效果 / 案例名，如云盘 /Ch08/ 效果 / 制作大头娃娃照 .psd。

本书中关于颜色设置的表述，如蓝色（232、239、248），括号中的数字分别为其 R、G、B 的值。

本书全面贯彻党的二十大精神，以社会主义核心价值观为引领，传承中华优秀传统文化，坚定文化自信，使内容更好体现时代性、把握规律性、富于创造性。

本书由周建国、马莹莹任主编，姚晓艳、高倩、曾晖任副主编，参与编写的还有谢妞妞、左莉。由于作者水平有限，书中难免存在错误和不妥之处，敬请广大读者批评指正。

编　者

2023 年 05 月

Photoshop

CONTENTS ———————————— 目 录

—01—

第 1 章　初识 Photoshop

—02—

第 2 章　Photoshop 基础知识

Photoshop

—03—

第3章 常用工具的使用

—04—

第4章 抠图

CONTENTS 目录

=05=

第 5 章　修图

Photoshop

—06—

第 6 章　调色

—07—

第 7 章　合成

CONTENTS 目录

Photoshop

—09—

第 9 章　商业案例

CONTENTS ——————————— 目 录

扩展知识扫码阅读

设计基础知识

1. 认识基本形体

2. 透视原理

3. 平面构成

4. 形式美法则

5. 点、线、面三大要素

6. 基本形与骨骼

7. 色彩

8. 图形创意方法

9. 版式设计

设计应用知识

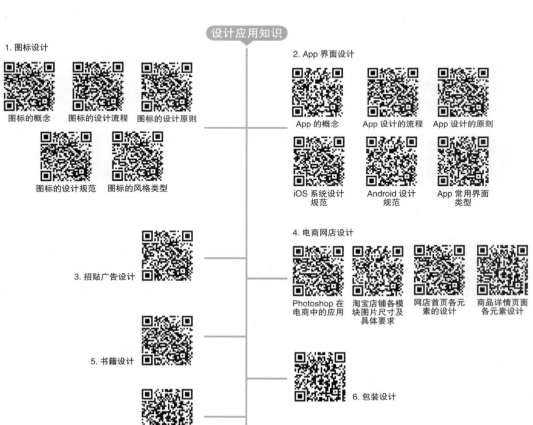

1. 图标设计

图标的概念　图标的设计流程　图标的设计原则

图标的设计规范　图标的风格类型

2. App 界面设计

App 的概念　App 设计的流程　App 设计的原则

iOS 系统设计规范　Android 设计规范　App 常用界面类型

3. 招贴广告设计

4. 电商网店设计

Photoshop 在电商中的应用　淘宝店铺各模块图片尺寸及具体要求　网店首页各元素的设计　商品详情页面各元素设计

5. 书籍设计

6. 包装设计

7. 网页设计

01

初识 Photoshop

▶ 本章介绍

　　在学习 Photoshop 软件之前，首先了解 Photoshop，包含 Photoshop 概述、Photoshop 的历史和应用领域，只有认识了 Photoshop 的软件特点和功能特色，才能更有效率地学习和运用 Photoshop，从而为我们的工作和学习带来便利。

学习目标

● Photoshop 概述

● Photoshop 的历史

● Photoshop 的应用领域

慕课视频

初识
Photoshop

1.1　Photoshop 概述

Adobe Photoshop，简称"PS"，是一款专业的数字图像处理软件，深受创意设计人员和图像处理爱好者的喜爱。PS 拥有强大的绘图和编辑工具，可以对图像、图形、文字、视频等进行编辑，完成抠图、修图、调色、合成、特效制作、视频编辑等工作。

慕课视频

Photoshop
概述和历史

Photoshop 是目前最强大的图像处理软件之一，人们常说的"P 图"，就是从 Photoshop 而来。作为设计师，无论身处哪个领域，如平面设计、网页设计、动画和影视制作等，都需要熟练掌握 Photoshop。

1.2　Photoshop 的历史

1.2.1　Photoshop 的诞生

图 1-1

在启动 Photoshop 时，在启动界面中有一个名单，如图 1-1 所示，排在第一位的是对 Photoshop 最重要的人 Thomas Knoll。

1987 年，Thomas Knoll（见图 1-5）是美国密歇根大学的博士生，他在完成毕业论文的时候，发现苹果计算机黑白位图显示器上无法显示带灰度的黑白图像，如图 1-2 所示。于是他动手编写了一个叫 Display 的程序，如图 1-3 所示，可以在黑白位图显示器上显示带灰度的黑白图像，如图 1-4 所示。

不带灰阶的黑白图像

图 1-2

图 1-3

带灰度的黑白图像

图 1-4

后来他又和哥哥 John Knoll（见图 1-5）一起在 Display 中增加了色彩调整、羽化等功能，并将 Display 更名为 Photoshop。后来，软件巨头 Adobe 公司花了 3450 万美元买下了 Photoshop 的版权。

Thomas Knoll   John Knoll

图 1-5

1.2.2 Photoshop 的发展

Adobe 公司于 1990 年推出了 Photoshop 1.0，之后不断优化 Photoshop，随着版本的升级，Photoshop 的功能越来越强大。Photoshop 的图标设计也在不断地变化，直到 2002 年推出了 Photoshop 7.0，如图 1-6 所示。

Photoshop 1.0 Photoshop 2.0 Photoshop 2.5 Photoshop 3.0 Photoshop 4.0 Photoshop 5.0 Photoshop 6.0 Photoshop 7.0

图 1-6

2003 年，Adobe 整合了公司旗下的设计软件，推出了 Adobe Creative Suit（Adobe 创意套装，Adobe CS），如图 1-7 所示。Photoshop 也命名为 Photoshop CS，之后陆续推出了 Photoshop CS2、CS3、CS4、CS5，2012 年推出了 Photoshop CS6，如图 1-8 所示。

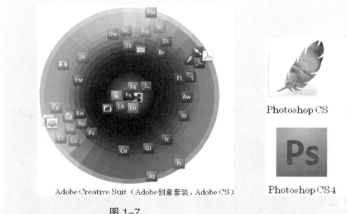

Adobe Creative Suit（Adobe创意套装，Adobe CS）

图 1-7

Photoshop CS   Photoshop CS2   Photoshop CS3

Photoshop CS4   Photoshop CS5   Photoshop CS6

图 1-8

2013 年，Adobe 公司推出了 Adobe Creative Cloud（Adobe 创意云，Adobe CC）。Photoshop 也命名为 Photoshop CC，如图 1-9 所示。这也是目前 Photoshop 的最新版本。

Adobe Creative Cloud（Adobe创意云，Adobe CC）   Photoshop CC

图 1-9

1.3 Photoshop 的应用领域

1.3.1 图像处理

Photoshop 具有强大的图片修饰功能，能够最大限度地满足人们对美的追求。通过 Photoshop 的抠图、修图、照片美化等功能，图像可以变得更加完美且富有想象力，如图 1-10 所示。

图 1-10

4

1.3.2 视觉创意

Photoshop 为用户提供了无限广阔的创作空间，用户可以根据自我想象力对图像进行合成、添加特效以及 3D 创作等，达到视觉与创意的完美结合，如图 1-11 所示。

图 1-11

1.3.3 数字绘画

Photoshop 中提供了丰富的色彩以及种类繁多的绘制工具，为数字艺术创作提供了便利条件，让用户在计算机上也可以绘制出风格多样的精美插画和游戏美术。数字绘画已经成为新文化群体表达意识形态的重要途径，在日常生活中随处可见，如图 1-12 所示。

图 1-12

1.3.4 平面设计

平面设计是 Photoshop 应用最为广泛的领域之一，无论广告、招贴，还是宣传单、海报等具有丰富图像的平面印刷品，都需要使用 Photoshop 来完成，如图 1-13 所示。

图 1-13

1.3.5 包装设计

在书籍装帧设计和产品包装设计中，Photoshop 对图像元素的处理也至关重要，是设计出有品位的包装的必备利器，如图 1-14 所示。

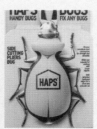

图 1-14

1.3.6 界面设计

随着互联网的普及，人们对界面的审美要求也在不断提升，Photoshop 的应用就显得尤为重要。它可以美化网页元素、制作各种真实的质感和特效，已经受到越来越多的设计者的喜爱，如图 1-15 所示。

图 1-15

1.3.7 产品设计

在产品设计的效果图表现阶段，经常要使用 Photoshop 来绘制产品效果图。利用 Photoshop 的强大功能来充分表现出产品功能上的优越性和细节，设计出造价低且能赢得顾客的产品，如图 1-16 所示。

图 1-16

1.3.8 效果图处理

Photoshop 作为强大的图像处理软件，不仅可以对渲染出的室内外效果图进行配景、色调调整等后期处理，还可以绘制精美贴图，将其贴在模型上达到好的渲染效果，如图 1-17 所示。

图 1-17

第 2 章

Photoshop 基础知识

▶ 本章介绍

　　本章对 Photoshop 的基本功能特点和图像处理基础知识进行讲解。通过本章的学习，读者可以对 Photoshop 的多种功用有一个大体的、全方位的了解，有助于在制作图像的过程中快速地定位，应用相应的知识点，完成图像的制作任务。

学习目标

- 了解软件的工作界面
- 熟练掌握新建和打开图像的方法
- 熟练掌握保存和关闭图像的技巧
- 掌握恢复操作的应用
- 了解位图、矢量图和分辨率
- 了解常用的图像色彩模式
- 了解常用的图像文件格式

慕课视频

Photoshop
基础知识

2.1 工作界面

熟悉工作界面是学习Photoshop CC 的基础。熟练掌握工作界面的内容，有助于初学者日后得心应手地驾驭软件。Photoshop CC 的工作界面主要由菜单栏、属性栏、工具箱、控制面板和状态栏组成，如图 2-1 所示。

图 2-1

菜单栏：菜单栏中共包含 11 个菜单命令。利用菜单命令可以完成对图像的编辑、调整色彩、添加滤镜效果等操作。

工具箱：工具箱中包含了多种工具。利用不同的工具可以完成对图像的绘制、观察、测量等操作。

属性栏：属性栏是工具箱中各个工具的功能扩展。通过在属性栏中设置不同的选项，可以快速完成多样化的操作。

控制面板：控制面板是 Photoshop CC 的重要组成部分。通过不同的功能面板，可以完成在图像中填充颜色、设置图层、添加样式等操作。

状态栏：状态栏可以提供当前文件的显示比例、文档大小、当前工具、暂存盘大小等提示信息。

2.1.1 菜单栏

Photoshop CC 的菜单栏依次分为："文件"菜单、"编辑"菜单、"图像"菜单、"图层"菜单、"类型"菜单、"选择"菜单、"滤镜"菜单、"3D"菜单、"视图"菜单、"窗口"菜单及"帮助"菜单，如图 2-2 所示。

| 文件(F) | 编辑(E) | 图像(I) | 图层(L) | 类型(Y) | 选择(S) | 滤镜(T) | 3D(D) | 视图(V) | 窗口(W) | 帮助(H) |

图 2-2

文件菜单包含了各种文件操作命令。编辑菜单包含了各种编辑文件的操作命令。图像菜单包含了各种改变图像的大小、颜色等的操作命令。图层菜单包含了各种调整图像中图层的操作命令。类型菜单包含了各种对文字的编辑和调整功能。选择菜单包含了各种关于选区的操作命令。滤镜菜单包含了各种添加滤镜效果的操作命令。3D 菜单包含了创建 3D 模型、编辑 3D 属性、调整纹理及编辑光线等操作命令。视图菜单包含了各种对视图进行设置的操作命令。窗口菜单包含了各种显示或隐藏控制面板的操作命令。帮助菜单包含了各种帮助信息。

菜单命令的不同状态：有些菜单命令中包含了更多相关的菜单命令，包含子菜单的菜单命令，其右侧会显示黑色的三角形▶，单击带有三角形的菜单命令，就会显示出其子菜单，如图2-3所示。当菜单命令不符合运行的条件时，就会显示为灰色，即不可执行状态。例如，在CMYK模式下，滤镜菜单中的部分菜单命令将变为灰色，不能使用。当菜单命令后面显示有省略号"…"时，如图2-4所示，表示单击此菜单命令，可以弹出相应的对话框，可以在对话框中进行相应的设置。

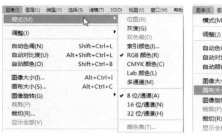
图2-3

图2-4

键盘快捷键和菜单命令：选择"窗口 > 工作区 > 键盘快捷键和菜单"命令，弹出"键盘快捷键和菜单"对话框，如图2-5所示。可以根据操作需要隐藏或显示指定的菜单命令，如图2-6所示；也可以为不同的菜单命令设置不同的颜色，如图2-7所示。还可以自定义和保存键盘快捷键，如图2-8所示。

图2-5

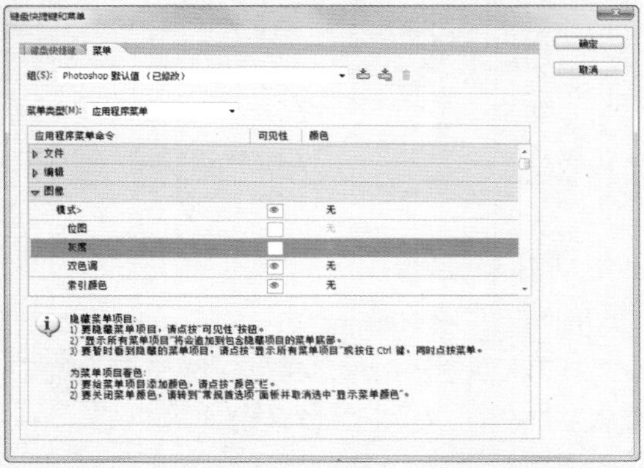

图2-6

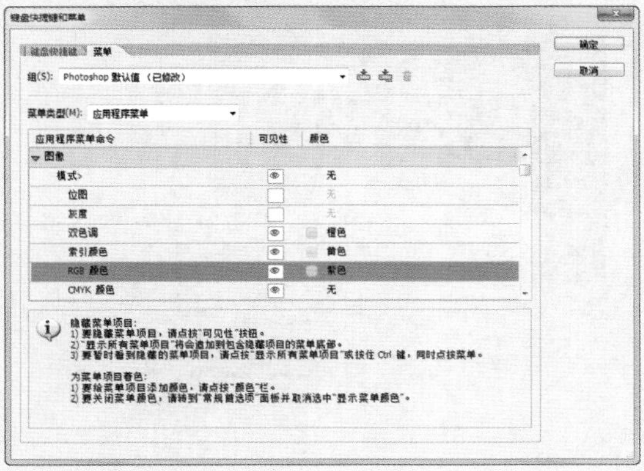

图2-7

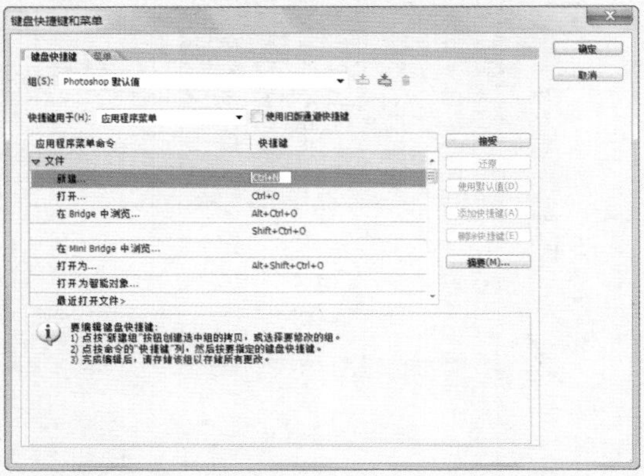

图2-8

2.1.2 工具箱

Photoshop CC 的工具箱包括选择工具、绘图工具、填充工具、编辑工具、颜色选择工具、屏幕视图工具、快速蒙版工具等，如图 2-9 所示。要了解每个工具的具体名称，可以将鼠标光标放置在具体工具的上方，此时会出现一个黄色的图标，上面会显示该工具的具体名称，如图 2-10 所示。工具名称后面括号中的字母，代表选择此工具的快捷键，只要在键盘上按该字母，就可以快速切换到相应的工具上。

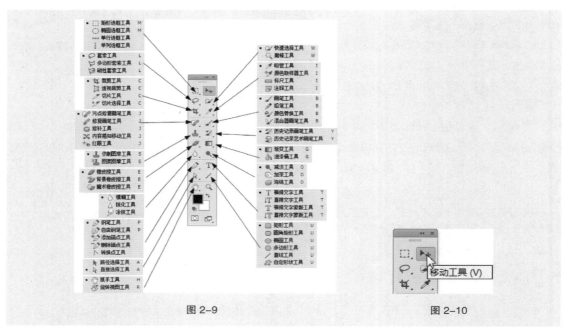

图 2-9　　　　　　　　　　　　图 2-10

切换工具箱的显示状态：Photoshop CC 的工具箱可以根据需要在单栏与双栏之间自由切换。当工具箱显示为双栏时，如图 2-11 所示，单击工具箱上方的双箭头图标 ，工具箱即可转换为单栏，节省工作空间，如图 2-12 所示。

图 2-11　　　　　　　　　　　　图 2-12

显示隐藏工具箱：在工具箱中，部分工具图标的右下方有一个黑色的小三角 ，表示在该工具下还有隐藏的工具。用鼠标在工具箱中有小三角的工具图标上单击，并按住鼠标不放，弹出隐藏工具选项,如图2-13所示,将鼠标光标移动到需要的工具图标上,即可选择该工具。

恢复工具箱的默认设置:要想恢复工具箱默认的设置,可以选择该工具,在相应的工具属性栏中,用鼠标右键单击工具图标,在弹出的菜单中选择"复位工具"命令即可,如图2-14所示。

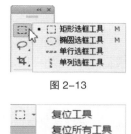

图 2-13

光标的显示状态:当选择工具箱中的工具后,图像中的光标就变为工具图标。例如,选择"裁剪"工具 ,图像窗口中的光标也随之显示为裁剪工具的图标,如图2-15所示。

图 2-14

选择"画笔"工具 ,光标显示为画笔工具的对应图标,如图2-16所示。按 Caps Lock 键,光标转换为精确的十字形图标,如图2-17所示。

图 2-15

图 2-16

图 2-17

2.1.3 属性栏

当选择某个工具后,会出现相应的工具属性栏,可以通过属性栏对工具进行进一步的设置。例如,当选择"魔棒"工具 时,工作界面的上方会出现相应的魔棒工具属性栏,可以应用属性栏中的各个命令对工具做进一步的设置,如图2-18所示。

图 2-18

2.1.4 状态栏

打开一幅图像时,图像的下方会出现该图像的状态栏,如图2-19所示。状态栏的左侧显示当前图像缩放显示的百分比数,在文本框中输入数值可改变图像窗口的显示比例。单击 按钮可弹出面板,单击面板中的"立即同步设置"按钮,可以将设置同步到 Creative Cloud,如图2-20所示。右侧显示当前图像的文件信息,单击 图标,在弹出的菜单中可以选择当前图像的相关信息,如图2-21所示。

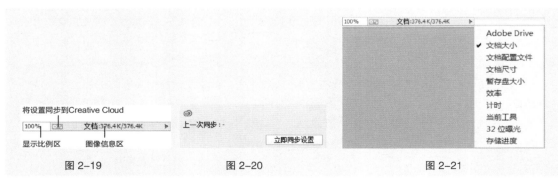

图 2-19   图 2-20   图 2-21

2.1.5 控制面板

控制面板是处理图像时另一个不可或缺的部分。Photoshop CC 界面为用户提供了多个控制面板组。

收缩与扩展控制面板：控制面板可以根据需要进行伸缩。面板的展开状态如图 2-22 所示。单击控制面板上方的双箭头图标 ▶▶ ，可以将控制面板收缩，如图 2-23 所示。如果要展开某个控制面板，可以直接单击其选项卡，相应的控制面板会自动弹出，如图 2-24 所示。

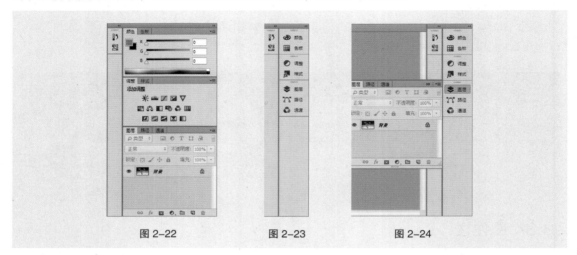

图 2-22　　　　　　　　　图 2-23　　　　　　　　　图 2-24

拆分控制面板：若需单独拆分出某个控制面板，可用鼠标选中该控制面板的选项卡并向工作区拖曳，如图 2-25 所示，选中的控制面板将被单独地拆分出来，如图 2-26 所示。

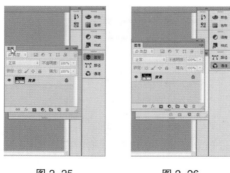

图 2-25　　　　　　　　图 2-26

组合控制面板：可以根据需要将两个或多个控制面板组合到一个面板组中，这样可以节省操作的空间。要组合控制面板，可以选中外部控制面板的选项卡，用鼠标将其拖曳到要组合的面板组中，面板组周围出现蓝色的边框，如图 2-27 所示，此时，释放鼠标，控制面板将被组合到面板组中，如图 2-28 所示。

控制面板弹出式菜单：单击控制面板右上方的图标 ▼≡ ，可以弹出控制面板的相关命令菜单，应用这些菜单可以提高控制面板的功能性，如图 2-29 所示。

隐藏与显示控制面板：按 Tab 键，可以隐藏工具箱和控制面板；再次按 Tab 键，可以显示出隐藏的部分。按 Shift+Tab 组合键，可以隐藏控制面板；再次按 Shift+Tab 组合键，可以显示出隐藏的部分。

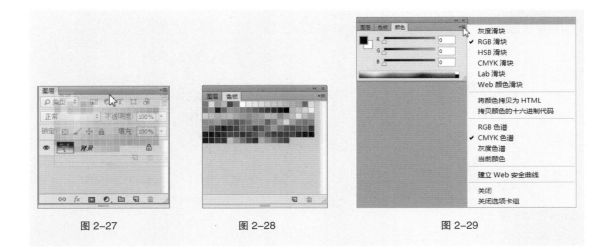

| 图 2-27 | 图 2-28 | 图 2-29 |

2.2 新建和打开图像

2.2.1 新建图像

选择"文件 > 新建"命令，或按 Ctrl+N 组合键，弹出"新建"对话框，如图 2-30
所示。在对话框中可以设置新建的图像名称、宽度和高度、分辨率、颜色模式等选项，
设置完成后单击"确定"按钮，即可完成新建图像，如图 2-31 所示。

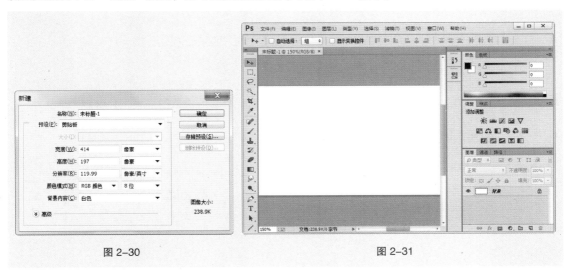

| 图 2-30 | 图 2-31 |

2.2.2 打开图像

如果要对照片或图片进行修改和处理，就要在 Photoshop CC 中打开需要的图像。

选择"文件 > 打开"命令，或按 Ctrl+O 组合键，弹出"打开"对话框，在对话框中搜索路径和文件，
确认文件类型和名称，通过 Photoshop CC 提供的预览图标选择文件，如图 2-32 所示，然后单击"打
开"按钮，或直接双击文件，即可打开所指定的图像文件，如图 2-33 所示。

图 2-32   图 2-33

2.3 保存和关闭图像

图 2-34

2.3.1 保存图像

编辑和制作完图像后，就需要将图像进行保存，以便于下次打开继续操作。

选择"文件 > 存储"命令，或按 Ctrl+S 组合键，可以存储文件。当设计好的作品进行第一次存储时，选择"文件 > 存储"命令，将弹出"另存为"对话框，如图 2-34 所示，在对话框中输入文件名、选择文件格式后，单击"保存"按钮，即可将图像保存。

当对已存储过的图像文件进行各种编辑操作后，选择"存储"命令，将不弹出"另存为"对话框，计算机会直接保存最终确认的结果，并覆盖原始文件。

2.3.2 关闭图像

图像存储完毕后，可以选择将其关闭。选择"文件 > 关闭"命令，或按 Ctrl+W 组合键，即可关闭文件。关闭图像时，若当前文件被修改过或是新建的文件，则会弹出提示框，如图 2-35 所示，单击"是"按钮即可存储并关闭图像。

图 2-35

2.4 恢复操作的应用

2.4.1 恢复到上一步的操作

在编辑图像的过程中可以随时将操作返回到上一步，也可以还原图像到恢复前的效果。选择"编

辑 > 还原"命令，或按 Ctrl+Z 组合键，可以恢复到图像的上一步操作。如果想还原图像到恢复前的效果，再按 Ctrl+Z 组合键即可。

2.4.2 中断操作

当 Photoshop CC 正在进行图像处理时，想中断这次正在进行的操作，按 Esc 键即可。

2.4.3 恢复到操作过程的任意步骤

"历史记录"控制面板可以将进行过多次处理操作的图像恢复到任一步操作时的状态，即所谓的"多次恢复功能"。选择"窗口 > 历史记录"命令，弹出"历史记录"控制面板，如图 2-36 所示。

图 2-36

控制面板下方的按钮从左至右依次为"从当前状态创建新文档"按钮 、"创建新快照"按钮 、"删除当前状态"按钮 。

单击控制面板右上方的图标 ，弹出"历史记录"控制面板的下拉命令菜单，如图 2-37 所示。前进一步用于将滑块向下移动一位，后退一步用于将滑块向上移动一位，新建快照用于根据当前滑块所指的操作记录建立新的快照，删除用于删除控制面板中滑块所指的操作记录，清

图 2-37

除历史记录用于清除控制面板中除最后一条记录外的所有记录，新建文档用于由当前状态或者快照建立新的文件，"历史记录选项"用于设置"历史记录"控制面板，关闭和关闭选项卡组用于关闭"历史记录"控制面板和控制面板所在的选项卡组。

2.5 位图和矢量图

2.5.1 位图

位图图像也叫点阵图像，它是由许多单独的小方块组成的。这些小方块又被称为像素点。每个像素点都有特定的位置和颜色值。位图图像的显示效果与像素点是紧密联系在一起的，不同排列和着色的像素点组合在一起构成了一幅色彩丰富的图像。像素点越多，图像的分辨率越高；相应地，图像的文件大小也会随之增大。

一幅位图图像的原始效果如图 2-38 所示。使用放大工具放大后，可以清晰地看到像素的小方块形状与不同的颜色，效果如图 2-39 所示。

位图与分辨率有关，如果在屏幕上以较大的倍数放大显示图像，或以低于创建时的分辨率打印图像，

图 2-38

图 2-39

图像就会出现锯齿状的边缘，并且会丢失细节。

2.5.2 矢量图

矢量图也叫向量图，它是一种基于图形的几何特性来描述的图像。矢量图中的各种图形元素被称为对象。每一个对象都是独立的个体，都具有大小、颜色、形状、轮廓等属性。

16

矢量图与分辨率无关，可以将它设置为任意大小，其清晰度不会改变，也不会出现锯齿状的边缘。在任何分辨率下显示或打印，都不会损失细节。一幅矢量图的原始效果如图2-40所示。使用放大工具放大后，其清晰度不变，效果如图2-41所示。

矢量图所占的容量较少，但其缺点是不易制作色调丰富的图像，而且绘制出来的图形无法像位图那样精确地描绘各种绚丽的景象。

图 2-40   图 2-41

2.6   分辨率

2.6.1   图像分辨率

慕课视频

分辨率

在 Photoshop CC 中，图像中每单位长度上的像素数目，称为图像的分辨率，其单位为像素／英寸或像素／厘米。

在相同尺寸的两幅图像中，高分辨率的图像包含的像素比低分辨率的图像包含的像素多。例如，一幅尺寸为 1 英寸 ×1 英寸的图像，其分辨率为 72 像素／英寸，这幅图像包含 5 184 个像素（72×72 ＝ 5184）。同样尺寸，分辨率为 300 像素／英寸的图像，图像包含 90 000 个像素。相同尺寸下，分辨率为 72 像素／英寸的图像效果如图2-42 所示，分辨率为 10 像素／英寸的图像效果如图2-43 所示。由此可见，在相同尺寸下，高分辨率的图像能更清晰地表现图像内容。

图 2-42   图 2-43

2.6.2   屏幕分辨率

屏幕分辨率是显示器上每单位长度显示的像素数目。屏幕分辨率取决于显示器大小及其像素设置。PC 显示器的分辨率一般约为 96 像素／英寸，Mac 显示器的分辨率一般约为 72 像素／英寸。在 Photoshop CC 中，图像像素被直接转换成显示器屏幕像素，当图像分辨率高于屏幕分辨率时，屏幕中显示的图像比实际尺寸大。

2.6.3 输出分辨率

输出分辨率是照排机或激光打印机等输出设备产生的每英寸的油墨点数（点／英寸）。为获得好的效果，使用的图像分辨率应与打印机分辨率成正比。

2.7 图像的色彩模式

2.7.1 CMYK 模式

CMYK 代表了印刷中常用的 4 种油墨颜色：C 代表青色，M 代表洋红色，Y 代表黄色，K 代表黑色。CMYK 颜色控制面板如图 2-44 所示。

CMYK 模式在印刷时应用了色彩学中的减法混合原理，即减色色彩模式。它是图片、插图和其他 Photoshop 作品中最常用的一种印刷方式。因为在印刷中通常都要进行四色分色，出四色胶片，然后再进行印刷。

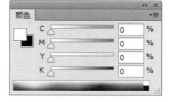

图 2-44

2.7.2 RGB 模式

与 CMYK 模式不同的是，RGB 模式是一种加色模式。它通过红、绿、蓝 3 种色光相叠加而形成更多的颜色。RGB 是色光的彩色模式，一幅 24 bit 的 RGB 图像有 3 个色彩信息的通道：红色（R）、绿色（G）和蓝色（B）。RGB 颜色控制面板如图 2-45 所示。

图 2-45

每个通道都有 8 bit 的色彩信息——一个 0 ～ 255 的亮度值色域。也就是说，每一种色彩都有 256 个亮度水平级。3 种色彩相叠加，可以有 256×256×256 ≈ 1670 万种可能的颜色。这 1670 万种颜色足以表现出绚丽多彩的世界。

在 Photoshop CC 中编辑图像时，RGB 模式应是最佳的选择。因为它可以提供全屏幕的多达 24 bit 的色彩范围，一些计算机领域的色彩专家称之为 "True Color（真色彩）" 显示。

2.7.3 Lab 模式

Lab 是 Photoshop 中的一种国际色彩标准模式，它由 3 个通道组成：一个通道是透明度，即 L；其他两个是色彩通道，即色相和饱和度，用 a 和 b 表示。a 通道包括的颜色值从深绿到灰，再到亮粉红色；b 通道是从亮蓝色到灰，再到焦黄色。这种色彩混合后将产生明亮的色彩。Lab 颜色控制面板如图 2-46 所示。

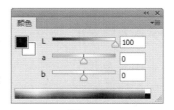

图 2-46

Lab 模式在理论上包括了人眼可见的所有色彩，它弥补了 CMYK 模式和 RGB 模式的不足。在这种模式下，图像的处理速度比在 CMYK 模式下快数倍，与 RGB 模式的速度相仿。而且在把 Lab 模式转成 CMYK 模式的过程中，所有的色彩不会丢失或被替换。事实上，当 Photoshop CC 将 RGB 模式转换成 CMYK 模式时，Lab 模式一直扮演着中介者的角色。也就是说，RGB 模式先转成 Lab 模式，然后再转成 CMYK 模式。

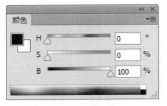

图 2-47

2.7.4　HSB 模式

　　HSB 模式只有在颜色吸取窗口中才会出现。H 代表色相，S 代表饱和度，B 代表亮度。色相的意思是纯色，即组成可见光谱的单色。红色为 0 度，绿色为 120 度，蓝色为 240 度。饱和度代表色彩的纯度，饱和度为零时即为灰色，黑、白、灰 3 种色彩没有饱和度。亮度是色彩的明亮程度，最大亮度是色彩最鲜明的状态，黑色的亮度为 0。HSB 颜色控制面板如图 2-47 所示。

2.7.5　灰度模式

　　灰度模式，灰度图又叫 8bit 深度图。每个像素用 8 个二进制位表示，能产生 2^8（即 256）级灰色调。当一个彩色文件被转换为灰度模式文件时，所有的颜色信息都将丢失。尽管 Photoshop CC 允许将一个灰度文件转换为彩色模式文件，但不可能将原来的颜色完全还原。所以，当要转换成灰度模式时，应先做好图像的备份。

图 2-48

　　与黑白照片一样，一个灰度模式的图像只有明暗值，没有色相和饱和度这两种颜色信息。0% 代表白，100% 代表黑。其中的 K 值用于衡量黑色油墨用量，灰度颜色控制面板如图 2-48 所示。

2.8　常用的图像文件格式

2.8.1　PSD 格式

　　PSD 格式和 PDD 格式是 Photoshop CC 自身的专用文件格式，能够支持从线图到 CMYK 的所有图像类型，但由于在一些图形处理软件中没有得到很好的支持，所以其通用性不强。PSD 格式和 PDD 格式能够保存图像数据的细节部分，如图层、附加的遮膜通道等 Photoshop CC 对图像进行特殊处理的信息。在没有最终决定图像存储的格式前，最好先以这两种格式存储。另外，Photoshop CC 打开和存储这两种格式的文件比其他格式更快。但是这两种格式也有缺点，就是它们所存储的图像文件容量大，占用磁盘空间较多。

慕课视频

图像文件格式

2.8.2　TIF 格式

　　TIF 格式是标签图像格式。TIF 格式对于色彩通道图像来说是最有用的格式，具有很强的可移植性，它可以用于 PC、Macintosh 以及 UNIX 工作站三大平台，是这三大平台上使用最广泛的绘图格式。

　　用 TIF 格式存储时应考虑到文件的大小，因为 TIF 格式的结构要比其他格式更复杂。但 TIF 格式支持 24 个通道，能存储多于 4 个通道的文件格式。TIF 格式还允许使用 Photoshop CC 中的复杂工具和滤镜特效处理。因此，TIF 格式非常适合于印刷和输出。

2.8.3　GIF 格式

　　GIF 是 Graphics Interchange Format 的缩写。GIF 格式的图像文件容量比较小，它形成一种压缩的 8 bit 图像文件。正因为这样，一般这种格式的文件可缩短图形的加载时间。如果在网络中传送图像文件，GIF 格式的图像文件的处理要比其他格式的图像文件快得多。

2.8.4 JPEG 格式

JPEG（Joint Photographic Experts Group，联合图片专家组），JPEG 格式既是 Photoshop CC 支持的一种文件格式，也是一种压缩方案。它是 Macintosh 上常用的一种图片存储类型。JPEG 格式是压缩格式中的"佼佼者"，与 TIF 文件格式采用的 LIW 无损失压缩相比，它的压缩比例更大。但它使用的有损失压缩会丢失部分数据。用户可以在存储前选择图像的最高质量，这样就能控制数据的损失程度。

2.8.5 EPS 格式

EPS 是 Encapsulated Post Script 的缩写。EPS 格式是 Illustrator CC 和 Photoshop CC 之间可交换的文件格式。Illustrator 软件制作出来的流动曲线、简单图形和专业图像一般都存储为 EPS 格式。Photoshop 可以处理这种格式的文件。在 Photoshop CC 中，也可以把其他图形文件存储为 EPS 格式。

2.8.6 PNG 格式

PNG 格式是用于无损压缩和在 Web 上显示图像的文件格式，是 GIF 格式的无专利替代品，它支持 24 位图像且能产生无锯齿状边缘的背景透明度；还支持无 Alpha 通道的 RGB、索引颜色、灰度和位图模式的图像。某些 Web 浏览器不支持 PNG 图像。

2.8.7 选择合适的图像文件存储格式

可以根据工作任务的需要选择适合的图像文件存储格式，下面就根据图像的不同用途介绍应该选择的图像文件存储格式。

用于印刷：TIF、EPS。

用于出版物：PDF。

用于网络图像：GIF、JPEG、PNG。

用于 Photoshop CC 软件：PSD、PDD、TIF。

第 3 章

常用工具的使用

03

▶ **本章介绍**

　　本章将主要介绍 Photoshop CC 常用工具的使用，讲解选择图像、绘画和绘图的方法以及文字工具的使用技巧。通过本章的学习，读者可以快速地选择和绘制规则与不规则的图形，并添加适当的文字，提高工作效率制作出多变的图像效果。

学习目标

● 熟练掌握选择工具组的使用
● 掌握绘画工具组的应用
● 掌握文字工具组的应用
● 熟练掌握绘图工具组的应用

技能目标

● 掌握"圣诞贺卡"的制作方法
● 掌握"剪影插画"的制作方法
● 掌握"文字海报"的合成方法
● 掌握"卡通图标"的制作方法

慕课视频

常用工具的使用

3.1 选择工具组

对图像进行编辑，首先要进行选择图像的操作。能够快捷精确地选择图像是提高处理图像效率的关键。

3.1.1 课堂案例——制作圣诞贺卡

【案例学习目标】学习使用不同的选择工具选取不同的图像，并应用移动工具移动装饰图片。

【案例知识要点】使用磁性套索工具绘制选区，使用多边形套索工具和魔棒工具选取图像，使用移动工具移动选区中的图像，效果如图 3-1 所示。

扫码观看
本案例视频

扫码观看
扩展案例

图 3-1

（1）按 Ctrl + O 组合键，打开素材 01、02 文件，如图 3-2 所示。选择"磁性套索"工具，在"02"图像窗口中沿着人物边缘拖曳鼠标，图像周围生成选区，如图 3-3 所示。

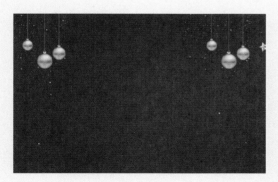

图 3-2

图 3-3

（2）选择"移动"工具，将选区中的图像拖曳到"01"图像窗口中适当的位置，如图 3-4 所示，在"图层"控制面板中生成新的图层并将其命名为"圣诞老人"。按 Ctrl+T 组合键，在图像周围出现变换框，按住 Shift 键的同时，向内拖曳左上角的控制手柄，等比例缩小图片，按 Enter 键确定操作，效果如图 3-5 所示。

图 3-4　　　　　　　　　　　　　　图 3-5

（3）选择"文件 > 置入"命令，弹出"置入"对话框，选择素材 03 文件，单击"置入"按钮，将图片置入到图像窗口中，并拖曳到适当的位置，如图 3-6 所示。按 Enter 键确认操作，效果如图 3-7 所示，在"图层"控制面板中生成新的图层并将其命名为"文字"。

图 3-6　　　　　　　　　　　　　　图 3-7

（4）按 Ctrl + O 组合键，打开素材 04 文件，如图 3-8 所示。选择"多边形套索"工具，在图像窗口中沿着圣诞树边缘单击鼠标绘制选区，如图 3-9 所示。

图 3-8　　　　　　　　　　　　　　图 3-9

（5）选择"移动"工具，将选区中的图像拖曳到"01"图像窗口中，如图 3-10 所示，在"图层"控制面板中生成新的图层并将其命名为"圣诞树"。按 Ctrl+T 组合键，在图像周围出现变换框，按住 Alt+Shift 组合键的同时，向内拖曳右上角的控制手柄，等比例缩小图片，并拖曳到适当的位置，按 Enter 键确定操作，效果如图 3-11 所示。

（6）按 Ctrl + O 组合键，打开素材 05 文件，如图 3-12 所示。选择"魔棒"工具，在属性栏中单击"添加到选区"按钮，在图像窗口中的白色背景区域单击鼠标，图像周围生成选区，如图 3-13 所示。按 Ctrl+Shift+I 组合键，将选区反选，图像效果如图 3-14 所示。

图 3-10　　　　　　　　　　　　　　图 3-11

图 3-12　　　　　　　　图 3-13　　　　　　　　图 3-14

（7）选择"移动"工具 ，将选区中的图像拖曳到"01"图像窗口中，如图 3-15 所示，在"图层"控制面板中生成新的图层并将其命名为"礼物盒"。按 Ctrl+T 组合键，在图像周围出现变换框，按住 Alt+Shift 组合键的同时，向内拖曳右上角的控制手柄，等比例缩小图片，并拖曳到适当的位置，按 Enter 键确定操作，效果如图 3-16 所示。

图 3-15　　　　　　　　　　　图 3-16

（8）选择"移动"工具 ，按住 Alt 键的同时，向右拖曳图片到适当的位置，复制图片，效果如图 3-17 所示。按 Ctrl+T 组合键，在图像周围出现变换框，按住 Alt+Shift 组合键的同时，向内拖曳左上角的控制手柄，等比例缩小图片，如图 3-18 所示，在变换框中单击鼠标右键，在弹出的菜单中选择"水平翻转"命令，水平翻转图像，按 Enter 键确定操作，效果如图 3-19 所示。

（9）单击"图层"控制面板下方的"创建新图层"按钮 ，生成新的图层并将其命名为"投影"。将"前景色"设为黑色。选择"椭圆选框"工具 ，在图像窗口中绘制椭圆选区，如图 3-20 所示。按 Alt+Delete 组合键，填充选区为黑色。按 Ctrl+D 组合键，取消选区，效果如图 3-21 所示。

图 3-17   图 3-18   图 3-19

图 3-20   图 3-21

　　（10）新建图层并将其命名为"边条"。选择"矩形选框"工具 ⊞，在图像窗口中绘制矩形选区，如图 3-22 所示。按 Alt+Delete 组合键，填充选区为黑色。按 Ctrl+D 组合键，取消选区，效果如图 3-23 所示。选择"移动"工具 ⊞，按住 Alt+Shift 组合键的同时，水平向下拖曳图形到适当的位置，复制图形，效果如图 3-24 所示。圣诞贺卡制作完成。

图 3-22   图 3-23   图 3-24

3.1.2　移动工具

　　移动工具可以将图层中的整幅图像或选定区域中的图像移动到指定位置。

　　选择"移动"工具 ⊞，或按 V 键，其属性栏状态如图 3-25 所示。

图 3-25

3.1.3　矩形选框工具

　　选择"矩形选框"工具 ⊞，或反复按 Shift+M 组合键，其属性栏状态如图 3-26 所示。

图 3-26

新选区□：去除旧选区，绘制新选区。添加到选区□：在原有选区的上面增加新的选区。从选区减去□：在原有选区上减去新选区的部分。与选区交叉□：选择新旧选区重叠的部分。羽化：用于设定选区边界的羽化程度。消除锯齿：用于清除选区边缘的锯齿。样式：用于选择类型。

选择"矩形选框"工具□，在图像中适当的位置单击并按住鼠标不放，向右下方拖曳鼠标绘制选区；松开鼠标，矩形选区绘制完成，如图3-27所示。按住Shift键，在图像中可以绘制出正方形选区，如图3-28所示。

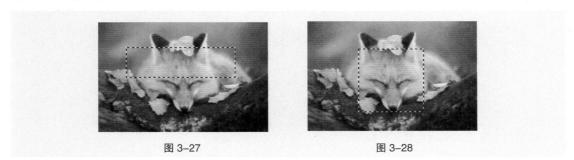

图3-27   图3-28

在属性栏中的"样式"选项下拉列表中选择"固定比例"，将"宽度"选项设为1，"高度"选项设为3，如图3-29所示。在图像中绘制固定比例的选区，效果如图3-30所示。单击"高度和宽度互换"按钮⇄，可以快速将宽度和高度的数值互相置换，互换后绘制的选区效果如图3-31所示。

图3-29

图3-30   图3-31

在属性栏中的"样式"选项下拉列表中选择"固定大小"，在"宽度"和"高度"选项中输入数值，如图3-32所示。绘制固定大小的选区，效果如图3-33所示。单击"高度和宽度互换"按钮⇄，可以快速地将宽度和高度的数值互相置换，互换后绘制的选区效果如图3-34所示。

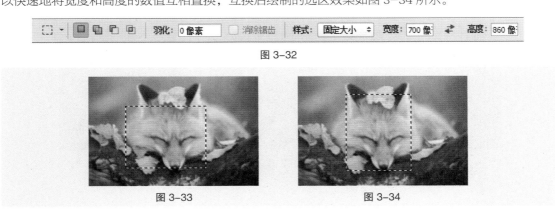

图3-32

图3-33   图3-34

3.1.4　椭圆选框工具

选择"椭圆选框"工具 ⬭，在图像中适当的位置单击并按住鼠标左键，拖曳鼠标绘制出需要的选区，松开鼠标左键，椭圆选区绘制完成，如图 3-35 所示。按住 Shift 键，在图像中可以绘制出圆形选区，如图 3-36 所示。

图 3-35　　　　　　　　　　　　图 3-36

椭圆选框工具和矩形选框工具属性栏相同，这里就不再赘述。

3.1.5　套索工具

选择"套索"工具 ⊘，或反复按 Shift+L 组合键，在图像中适当的位置单击并按住鼠标不放，拖曳鼠标在图像上进行绘制，如图 3-37 所示，松开鼠标，选择区域自动封闭生成选区，效果如图 3-38 所示。

图 3-37　　　　　　　　　　　　图 3-38

3.1.6　多边形套索工具

选择"多边形套索"工具 ▷，在图像中单击设置所选区域的起点，接着单击设置选择区域的其他点，效果如图 3-39 所示。将鼠标光标移回到起点，多边形套索工具显示为 ▷ 图标，如图 3-40 所示。单击即可封闭选区，效果如图 3-41 所示。

图 3-39　　　　　　　图 3-40　　　　　　　图 3-41

3.1.7 磁性套索工具

选择"磁性套索"工具 ，其属性栏状态如图 3-42 所示。

图 3-42

宽度：用于设定套索检测范围，磁性套索工具将在这个范围内选取反差最大的边缘。对比度：用于设定选取边缘的灵敏度，数值越大，则要求边缘与背景的反差越大。频率：用于设定选区点的速率，数值越大，标记速率越快，标记点越多。 ：用于设定专用绘图板的笔刷压力。

3.2 绘画工具组

3.2.1 课堂案例——制作剪影插画

【案例学习目标】学习使用填充工具绘制背景，使用绘图工具和擦除工具绘制纹理。

【案例知识要点】使用路径控制面板和渐变工具绘制背景，使用椭圆选框工具和渐变工具绘制月亮，使用画笔工具、画笔控制面板和橡皮擦工具绘制装饰纹理，效果如图 3-43 所示。

扫码观看
本案例视频

扫码观看
扩展案例

图 3-43

（1）按 Ctrl+O 组合键，打开素材 01 文件。选择"渐变"工具 ，单击属性栏中的"点按可编辑渐变"按钮 ，弹出"渐变编辑器"对话框，将渐变颜色设为从橘红色（212、80、44）到肤色（255、203、136），如图 3-44 所示，单击"确定"按钮。按住 Shift 键的同时，在图像中由下向上拖曳光标填充渐变色，松开鼠标后，效果如图 3-45 所示。

（2）选择"窗口 > 路径"命令，弹出"路径"控制面板，选中"路径 1"，如图 3-46 所示，图像窗口显示路径，如图 3-47 所示。返回到"图层"控制面板，按 Ctrl+Enter 组合键，将路径转换为选区，如图 3-48 所示。

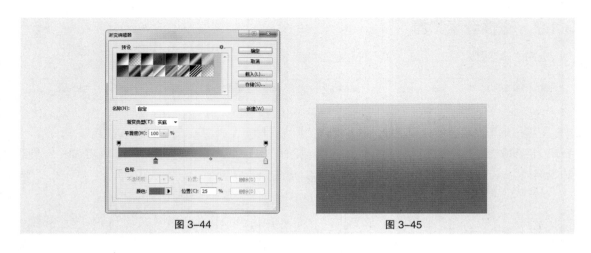

图 3-44　　　　　　　　　　　　　　　　　图 3-45

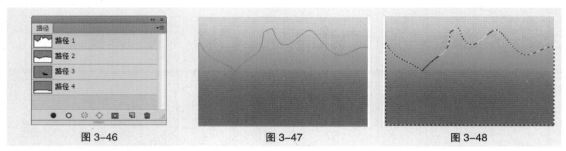

图 3-46　　　　　　　　　图 3-47　　　　　　　　　图 3-48

（3）新建图层并将其命名为"山峰 1"。选择"渐变"工具 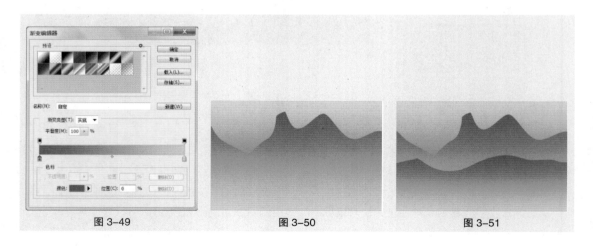，单击属性栏中的"点按可编辑渐变"按钮 ，弹出"渐变编辑器"对话框，将渐变颜色设为从深红色（200、60、31）到肤色（248、204、142），如图 3-49 所示，单击"确定"按钮。按住 Shift 键的同时，在图像窗口中从上至下拖曳光标填充渐变色。按 Ctrl+D 组合键，取消选区，效果如图 3-50 所示。使用相同的方法选中"路径 2"，制作"山峰 2"效果，如图 3-51 所示。

图 3-49　　　　　　　　　图 3-50　　　　　　　　　图 3-51

（4）在"路径"控制面板中，选中"路径 4"，如图 3-52 所示，图像窗口显示路径，如图 3-53 所示。返回到"图层"控制面板，按 Ctrl+Enter 组合键，将路径转换为选区，效果如图 3-54 所示。

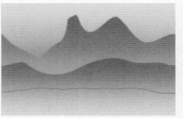

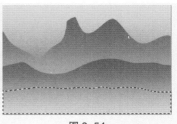

图 3-52	图 3-53	图 3-54

（5）新建图层并将其命名为"地面"。选择"渐变"工具 ，单击属性栏中的"点按可编辑渐变"按钮 ，弹出"渐变编辑器"对话框，将渐变颜色设为从棕红色（168、53、34）到铁锈红色（146、29、10），如图 3-55 所示，单击"确定"按钮。按住 Shift 键的同时，在图像中从下向上拖曳光标填充渐变色。按 Ctrl+D 组合键，取消选区，效果如图 3-56 所示。使用相同的方法选中"路径 3"，制作"大象"效果，如图 3-57 所示。

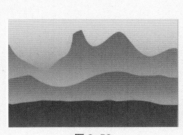

图 3-55	图 3-56	图 3-57

（6）新建图层并将其命名为"月亮"。选择"椭圆选框"工具，按住 Shift 键的同时，在图像窗口中拖曳鼠标绘制圆形选区，如图 3-58 所示。

（7）选择"渐变"工具，单击属性栏中的"点按可编辑渐变"按钮 ，弹出"渐变编辑器"对话框，将渐变颜色设为从浅黄色（255、223、148）到米白色（255、244、231），如图 3-59 所示，单击"确定"按钮。选中属性栏中的"径向渐变"按钮，按住 Shift 键的同时，在选区中由内向外拖曳光标填充渐变色。按 Ctrl+D 组合键，取消选区，效果如图 3-60 所示。

图 3-58	图 3-59	图 3-60

（8）新建图层并将其命名为"纹理"。选择"画笔"工具，在属性栏中单击"切换画笔面板"按钮，弹出"画笔"控制面板，设置如图 3-61 所示；选择"散布"选项，切换到相应的面板，设置如图 3-62 所示。在图像窗口中拖曳鼠标绘制纹理，效果如图 3-63 所示。

（9）选择"橡皮擦"工具，在属性栏中单击"画笔"选项右侧的按钮，在弹出的画笔选择面板中选择需要的画笔形状，设置如图 3-64 所示，在属性栏中将"不透明度""流量"选项均设为50%，在图像中拖曳鼠标擦除不需要的图像，效果如图 3-65 所示。剪影插画制作完成。

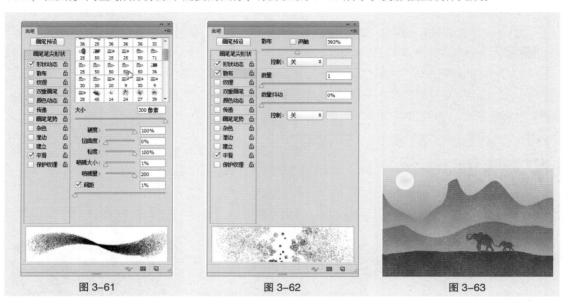

图 3-61　　　　　　　　　　图 3-62　　　　　　　　　　图 3-63

图 3-64　　　　　　　　　　图 3-65

3.2.2　画笔工具

画笔工具可以模拟真实画笔在图像或选区中进行绘制。

选择"画笔"工具，或反复按 Shift+B 组合键，其属性栏状态如图 3-66 所示。

图 3-66

：用于选择预设的画笔。模式：用于选择绘画颜色与下面现有像素的混合模式。不透明度：

可以设定画笔颜色的不透明度。流量：用于设定喷笔压力，压力越大，喷色越浓。启用喷枪模式 ：可以启用喷枪功能。绘图板压力控制大小 ：使用压感笔压力可以覆盖"画笔"面板中的"不透明度"和"大小"的设置。

选择"画笔"工具 ，在属性栏中设置画笔，如图 3-67 所示。在图像中单击鼠标并按住不放，拖曳鼠标可以绘制出图 3-68 所示的效果。

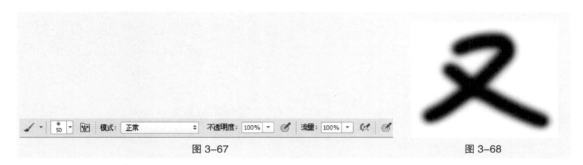

第 3 章 常用工具的使用

31

图 3-67　　　　　　　　　　　　　　　　　　　图 3-68

在属性栏中单击"画笔"选项右侧的按钮 ，弹出图 3-69 所示的画笔选择面板，在面板中可以选择画笔形状。拖曳"大小"选项下方的滑块或直接输入数值，可以设置画笔的大小。如果选择的画笔是基于样本的，将显示"恢复到原始大小"按钮 ，单击此按钮，可以使画笔的大小恢复到初始的大小。

单击面板右上方的按钮 ，在弹出的下拉菜单中选择"描边缩览图"命令，如图 3-70 所示，面板的显示效果如图 3-71 所示。

图 3-69　　　　　　　　　　图 3-70　　　　　　　　　　图 3-71

新建画笔预设：用于建立新画笔。重命名画笔：用于重新命名画笔。删除画笔：用于删除当前选中的画笔。仅文本：以文字描述方式显示画笔选择面板。小缩览图：以小图标方式显示画笔选择面板。大缩览图：以大图标方式显示画笔选择面板。小列表：以小文字和图标列表方式显示画笔选择面板。大列表：以大文字和图标列表方式显示画笔选择面板。描边缩览图：以笔画的方式显示画笔选择面板。预设管理器：用于在弹出的预设管理器对话框中编辑画笔。复位画笔：用于恢复默认状态的画笔。载入画笔：用于将存储的画笔载入面板。存储画笔：用于将当前的画笔进行存储。替换画笔：用于载入新画笔并替换当前画笔。

在面板中单击"从此画笔创建新的预设"按钮 ，弹出图 3-72 所示的"画笔名称"对话框，可以创建新的预设。单击画笔工具属性栏中的"切换画笔面板"按钮 ，弹出图 3-73 所示的"画笔"控制面板，可以设置画笔。

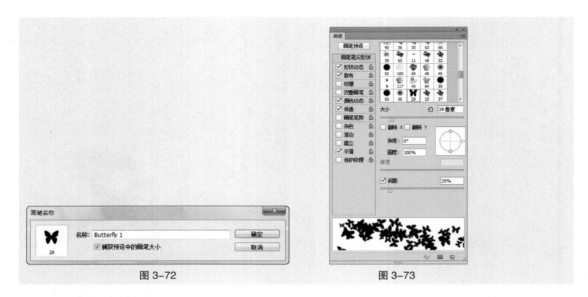

图 3-72	图 3-73

3.2.3 渐变工具

渐变工具用于在图像或图层中形成一种色彩渐变的图像效果。

选择"渐变"工具 ■，或反复按 Shift+G 组合键，其属性栏状态如图 3-74 所示。

图 3-74

■ ▼：用于选择和编辑渐变的色彩。■ ○ ■ □ ■：用于选择渐变类型，从左到右依次为线性渐变、径向渐变、角度渐变、对称渐变和菱形渐变。模式：用于选择着色的模式。不透明度：用于设定不透明度。反向：用于反向产生色彩渐变的效果。仿色：用于使渐变更平滑。透明区域：用于产生不透明度。

单击"点按可编辑渐变"按钮 ■ ▼，弹出"渐变编辑器"对话框，如图 3-75 所示。

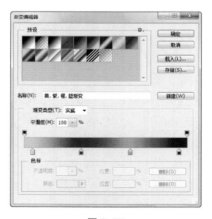

图 3-75

单击颜色编辑框下方，可以增加颜色色标，如图 3-76 所示。在"颜色"选项中选择颜色，或双击色标，弹出"拾色器（色标颜色）"对话框，如图 3-77 所示，选择适合的颜色，单击"确定"按钮，即可改变颜色。在"位置"选项的数值框中输入数值或用鼠标直接拖曳颜色色标，都可以调整颜色的位置。

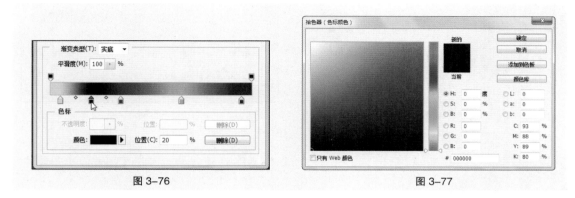

任意选择一个颜色色标，如图 3-78 所示，单击对话框下方的 删除(D) 按钮，或按 Delete 键，可以将颜色色标删除，如图 3-79 所示。

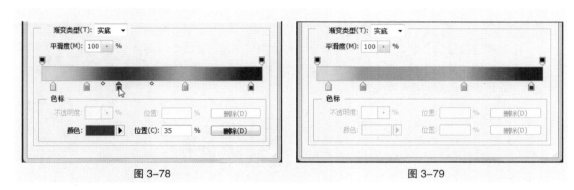

图 3-78   图 3-79

单击颜色编辑框左上方的黑色色标，如图 3-80 所示，调整"不透明度"选项的数值，如图 3-81 所示，可以使开始颜色到结束颜色显示为半透明效果。

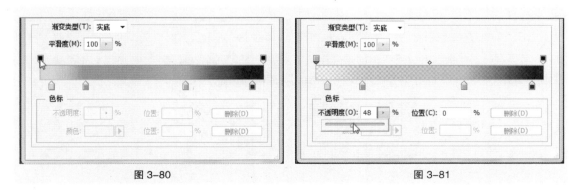

图 3-80   图 3-81

单击颜色编辑框的上方，出现新的色标，如图 3-82 所示，调整"不透明度"选项的数值，如图 3-83 所示，可以使新色标的颜色向两边的颜色出现过渡式的半透明效果。

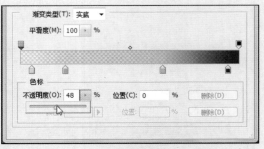

图 3-82   图 3-83

3.3 文字工具组

3.3.1 课堂案例——制作文字海报

【案例学习目标】学习使用文字工具和字符控制面板制作海报。

【案例知识要点】使用直排文字工具和横排文字工具输入需要的文字，使用字符控制面板编辑文字，效果如图 3-84 所示。

扫码观看   扫码观看
本案例视频   扩展案例

图 3-84

（1）按 Ctrl+O 组合键，打开素材 01 文件，如图 3-85 所示。将前景色设为白色。选择"直排文字"工具 ，在适当的位置单击插入光标，输入需要的文字并选取文字，在属性栏中选择合适的字体并设置大小，效果如图 3-86 所示，在"图层"控制面板中生成新的文字图层。

图 3-85

图 3-86

（2）选取文字"辞"，如图 3-87 所示。按 Ctrl+T 组合键，弹出"字符"控制面板，将"设置所选字符的字距调整"  选项设置为 −133，其他选项的设置如图 3-88 所示，按 Enter 键确定操作，效果如图 3-89 所示。

图 3-87

图 3-88

图 3-89

（3）选取文字"迎新"，如图 3-90 所示。在"字符"控制面板中，将"设置所选字符的字距调整"  选项设置为 24，其他选项的设置如图 3-91 所示，按 Enter 键确定操作，效果如图 3-92 所示。

图 3-90

图 3-91

图 3-92

（4）选择"文件 > 置入"命令，弹出"置入"对话框，选择素材 02 文件，单击"置入"按钮，将图片置入到图像窗口中，并拖曳到适当的位置，按 Enter 键确定操作，效果如图 3-93 所示，在"图层"控制面板中生成新的图层并将其命名为"墨迹"。

（5）将前景色设为红色（254、71、71）。选择"直排文字"工具 ，在适当的位置输入需要的文字并选取文字，在属性栏中选择合适的字体并设置大小，效果如图 3-94 所示，在"图层"控制面板中生成新的文字图层。

（6）将前景色设为白色。选择"横排文字"工具 ，在适当的位置输入需要的文字并选取文字，在属性栏中选择合适的字体并设置大小，效果如图 3-95 所示，在"图层"控制面板中分别生成新的文字图层。选取需要的文字，在属性栏中选择合适的字体并设置大小，效果如图 3-96 所示。

（7）选取需要的文字，在"字符"控制面板中，将"设置行距" 选项设置为 8 点，如图 3-97 所示，图像效果如图 3-98 所示。按 Enter 键确定操作，效果如图 3-99 所示。

（8）选择"窗口 > 段落"命令，弹出"段落"控制面板，单击"右对齐文本"按钮 ，如图 3-100 所示，右对齐文字，效果如图 3-101 所示。

图 3-93　　　　　图 3-94　　　　　图 3-95　　　　　图 3-96

图 3-97　　　　　图 3-98　　　　　图 3-99

（9）选择"文件 > 置入"命令，弹出"置入"对话框，分别选择素材 03、04 文件，单击"置入"按钮，分别将图片置入到图像窗口中，并拖曳到适当的位置，按 Enter 键确定操作，效果如图 3-102 所示，在"图层"控制面板中分别生成新的图层并将其命名为"祥云 1""祥云 2"。

图 3-100　　　　　图 3-101　　　　　图 3-102

（10）选择"横排文字"工具 T，在适当的位置输入需要的文字并选取文字，在属性栏中选择合适的字体并设置大小，效果如图 3-103 所示，在"图层"控制面板中生成新的文字图层。

（11）在"字符"控制面板中，将"设置所选字符的字距调整" VA 0 选项设置为 4，其他选项的设置如图 3-104 所示，按 Enter 键确定操作，效果如图 3-105 所示。

（12）选择"横排文字"工具 T，在属性栏中单击"居中对齐文本"按钮，在适当的位置输入需要的文字并选取文字，在属性栏中选择合适的字体并分别设置大小，效果如图 3-106 所示，在"图层"控制面板中生成新的文字图层。

图 3-103

图 3-104

图 3-105

图 3-106

（13）选取需要的文字，在"字符"控制面板中进行设置，如图 3-107 所示，按 Enter 键确定操作，效果如图 3-108 所示。文字海报制作完成，效果如图 3-109 所示。

图 3-107　　　　　　　　　　　　　　图 3-108　　　　　　　　　　　　　图 3-109

3.3.2　横排文字工具

选择"横排文字"工具 T，在图像中输入需要的文字，如图 3-110 所示。选择"类型 > 文本排版方向 > 垂直"命令，将文字从水平方向转换为垂直方向，如图 3-111 所示。

3.3.3　直排文字工具

选择"直排文字"工具 T，在图像中输入需要的文字，如图 3-112 所示，选择"类型 > 文本排版方向 > 水平"命令，将文字从垂直方向转换为水平方向，如图 3-113 所示。

图 3-110

图 3-111

图 3-112

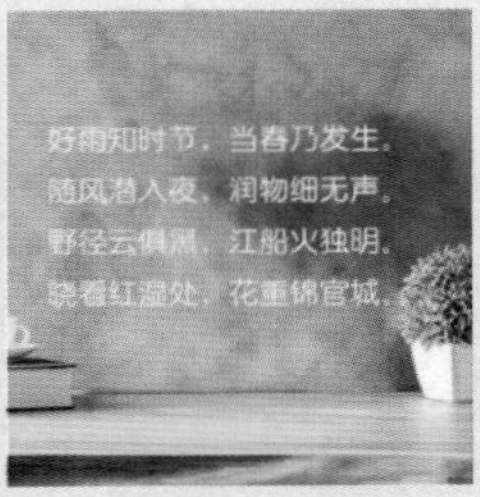

图 3-113

3.4　绘图工具组

3.4.1　课堂案例——绘制卡通图标

【案例学习目标】学习使用不同的绘图工具绘制各种图形，并使用移动和复制命令调整图形位置。

【案例知识要点】使用矩形工具、直接选择工具和复制命令制作闪光灯，使用圆角矩形工具、变换命令和直线工具绘制机身，使用椭圆工具、自定形状工具和多边形工具绘制镜头，效果如图 3-114 所示。

扫码观看本案例视频　　扫码观看扩展案例

图 3-114

（1）按 Ctrl+N 组合键，新建一个文件，宽度为 15cm，高度为 10cm，分辨率为 150 像素 / 英寸，背景内容为白色，新建文档。

（2）选择"矩形"工具 ▣，在属性栏的"选择工具模式"选项中选择"形状"，将"填充"颜色设为黑色，在图像窗口中拖曳鼠标绘制矩形，效果如图 3-115 所示，在"图层"控制面板中生成新的形状图层并将其命名为"闪光灯 1"。

（3）选择"直接选择"工具 ▷，框选左上角的锚点，按住 Shift 键的同时，水平向右拖曳到适当的位置，效果如图 3-116 所示。用相同的方法调整右上角的锚点，效果如图 3-117 所示。

（4）选择"路径选择"工具 ▶，选取图形。按 Ctrl+J 组合键，复制图层并将其命名为"闪光灯 2"。按 Ctrl+T 组合键，在图形周围出现变换框，按住 Alt+Shift 组合键的同时，拖曳右上角的控制手柄等比例缩小图形，并调整其位置，按 Enter 键确定操作。在属性栏中将"填充"颜色设为红色（238、60、40），填充图形，效果如图 3-118 所示。

图 3-115　　　　　　　　图 3-116　　　　　　　　图 3-117　　　　　　　　图 3-118

（5）选择"圆角矩形"工具 ⬛，在属性栏中将"填充"颜色设为黑色，"半径"选项设为 25 像素，在图像窗口中拖曳鼠标绘制圆角矩形，效果如图 3-119 所示，在"图层"控制面板中生成新的形状图层并将其命名为"机身 1"。

（6）按 Ctrl+J 组合键，复制图层并将其命名为"机身 2"。按 Ctrl+T 组合键，在图形周围出现变换框，按住 Alt+Shift 组合键的同时，拖曳右上角的控制手柄等比例缩小图形，按 Enter 键确定操作。在属性栏中将"填充"颜色设为白色，填充图形，效果如图 3-120 所示。

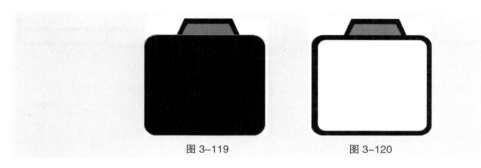

图 3-119　　　　　　　　　　　　　图 3-120

（7）选择"圆角矩形"工具 ⬛，在属性栏中将"填充"颜色设为黑色，在图像窗口中拖曳鼠标绘制圆角矩形，效果如图 3-121 所示，在"图层"控制面板中生成新的形状图层并将其命名为"手柄 1"。

（8）按 Ctrl+J 组合键，复制图层并将其命名为"手柄 2"。按 Ctrl+T 组合键，在图形周围出现变换框，按住 Alt+Shift 组合键的同时，拖曳右上角的控制手柄等比例缩小图形，按 Enter 键确定操作。在属性栏中将"填充"颜色设为白色，填充图形，效果如图 3-122 所示。

（9）选择"圆角矩形"工具 ⬛，在属性栏中将"填充"颜色设为黑色，"半径"选项设为 50 像素，在图像窗口中拖曳鼠标绘制圆角矩形，效果如图 3-123 所示，在"图层"控制面板中生成新的形状图层并将其命名为"按钮"。

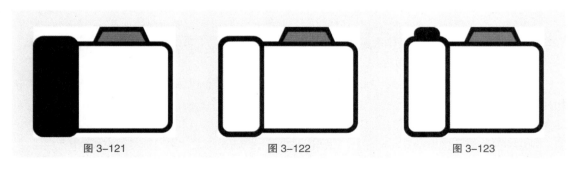

图 3-121　　　　　　　　图 3-122　　　　　　　　图 3-123

（10）选择"矩形"工具 ⬛，在属性栏中将"填充"颜色设为黄色（254、253、0），在图像窗口中拖曳鼠标绘制矩形，效果如图 3-124 所示。在"图层"控制面板中生成新的形状图层并将其命名为"色条 1"。

（11）按 Ctrl+J 组合键，复制图层并将其命名为"色条 2"。按 Ctrl+T 组合键，在图形周围出现变换框，按住 Shift 键的同时，水平向右拖曳图形到适当的位置并调整其大小，按 Enter 键确定操作。在属性栏中将"填充"颜色设为橘黄色（253、212、101），填充图形，效果如图 3-125 所示。

（12）选择"直线"工具，在属性栏中将"填充"颜色设为黑色，"粗细"选项设为 12 像素，在图像窗口中拖曳鼠标绘制直线，效果如图 3-126 所示。在"图层"控制面板中生成新的形状图层并将其命名为"形状 1"。用相同的方法绘制其他直线，效果如图 3-127 所示。

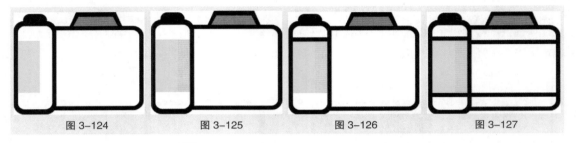

图 3-124　　　　　图 3-125　　　　　图 3-126　　　　　图 3-127

（13）选择"椭圆"工具，在属性栏中将"填充"颜色设为黑色，按住 Shift 键的同时，在图像窗口中拖曳鼠标绘制圆形，效果如图 3-128 所示。在"图层"控制面板中生成新的形状图层并将其命名为"镜头 1"。

（14）按 Ctrl+J 组合键，复制图层并将其命名为"镜头 2"。按 Ctrl+T 组合键，在图形周围出现变换框，按住 Alt+Shift 组合键的同时，拖曳右上角的控制手柄等比例缩小图形，按 Enter 键确定操作。在属性栏中将"填充"颜色设为白色，填充图形，效果如图 3-129 所示。用相同的方法制作"镜头 3"和"镜头 4"，效果如图 3-130 所示。

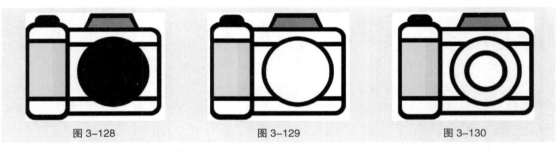

图 3-128　　　　　　图 3-129　　　　　　图 3-130

（15）选择"椭圆"工具，在属性栏中将"填充"颜色设为蓝色（61、222、240），按住 Shift 键的同时，在图像窗口中拖曳鼠标绘制圆形，效果如图 3-131 所示。在"图层"控制面板中生成新的形状图层并将其命名为"镜头 5"。

（16）选择"自定形状"工具，在属性栏中将"填充"颜色设为黄色（253、254、0），单击"形状"选项右侧的按钮，弹出"形状"面板，单击面板右上方的按钮，在弹出的菜单中选择"形状"命令，弹出提示对话框，单击"追加"按钮。在"形状"面板中选中"圆形边框"图形，如图 3-132 所示。在图像窗口中拖曳鼠标绘制图形，效果如图 3-133 所示。在"图层"控制面板中生成新的形状图层并将其命名为"镜头 6"。

（17）选择"椭圆"工具，在属性栏中将"填充"颜色设为深蓝色（48、162、241），按住 Shift 键的同时，在图像窗口中拖曳鼠标绘制圆形，效果如图 3-134 所示。在"图层"控制面板中生成新的形状图层并将其命名为"高光"。

图 3-131

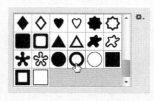

图 3-132

图 3-133

（18）选择"多边形"工具 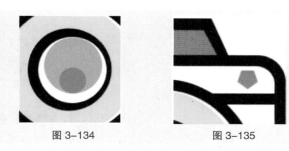，在属性栏中将"填充"颜色设为深蓝色（48、162、241），按住 Shift 键的同时，在图像窗口中拖曳鼠标绘制多边形，效果如图 3-135 所示。在"图层"控制面板中生成新的形状图层并将其命名为"指示灯"。

图 3-134　　　　　　　图 3-135

（19）选择"文件 > 置入"命令，弹出"置入"对话框，选择素材 01 文件，单击"置入"按钮，将图片置入到图像窗口中，并拖曳到适当的位置，按 Enter 键确定操作，效果如图 3-136 所示，在"图层"控制面板中生成新的图层并将其命名为"底图"。按 Shift+Ctrl+[组合键，将该图层置为底层，效果如图 3-137 所示。卡通图标绘制完成。

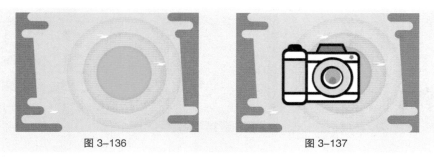

图 3-136　　　　　　　图 3-137

3.4.2　路径选择工具

路径选择工具用于选择一个或几个路径并对其进行移动、组合、对齐、分布和变形。

选择"路径选择"工具 ，或反复按 Shift+A 组合键，其属性栏状态如图 3-138 所示。

图 3-138

3.4.3　直接选择工具

直接选择工具用于移动路径中的锚点或线段，还可以调整手柄和控制点。

路径的原始效果如图3-139所示，选择"直接选择"工具 ，拖曳路径中的锚点来改变路径弧度，如图3-140所示。

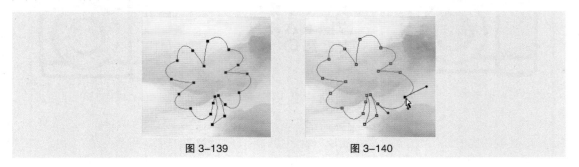

图 3-139　　　　　　　　　　图 3-140

3.4.4　矩形工具

选择"矩形"工具 ，或反复按 Shift+U 组合键，其属性栏状态如图 3-141 所示。

图 3-141

形状 ：用于选择创建路径形状、创建工作路径或填充区域。填充 描边 3点 ：用于设置矩形的填充色、描边色、描边宽度和描边类型。 W: 0像素 H: 0像素 ：用于设置矩形的宽度和高度。 ：用于设置路径的组合方式、对齐方式和排列方式。 ：用于设定所绘制矩形的形状。对齐边缘：用于设定边缘是否对齐。

原始图像效果如图 3-142 所示。在图像中绘制矩形，效果如图 3-143 所示，"图层"控制面板中的效果如图 3-144 所示。

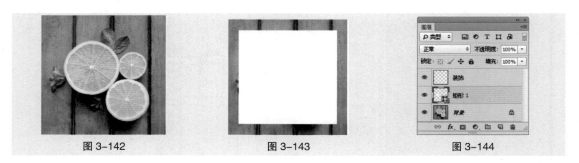

图 3-142　　　　　　　　　　图 3-143　　　　　　　　　　图 3-144

3.4.5　圆角矩形工具

选择"圆角矩形"工具 ，或反复按 Shift+U 组合键，其属性栏状态如图 3-145 所示。其属性栏中的内容与"矩形"工具属性栏的选项内容类似，只增加了"半径"选项，用于设定圆角矩形的平滑程度，数值越大越平滑。

图 3-145

原始图像效果如图 3-146 所示。将半径选项设为 40 像素，在图像中绘制圆角矩形，效果如图 3-147 所示，"图层"控制面板中的效果如图 3-148 所示。

图 3-146

图 3-147

图 3-148

3.4.6 椭圆工具

选择"椭圆"工具，或反复按 Shift+U 组合键，其属性栏状态如图 3-149 所示。

图 3-149

原始图像效果如图 3-150 所示。在图像上绘制椭圆形，效果如图 3-151 所示，"图层"控制面板中的效果如图 3-152 所示。

图 3-150

图 3-151

图 3-152

3.4.7 多边形工具

选择"多边形"工具，或反复按 Shift+U 组合键，其属性栏状态如图 3-153 所示。其属性栏中的内容与矩形工具属性栏的选项内容类似，只增加了"边"选项，用于设定多边形的边数。

图 3-153

原始图像效果如图 3-154 所示。单击属性栏中的按钮，在弹出的面板中进行设置，如图 3-155 所示，在图像中绘制多边形，效果如图 3-156 所示，"图层"控制面板中的效果如图 3-157 所示。

图 3-154

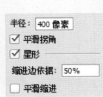

图 3-155

图 3-156

图 3-157

3.4.8　直线工具

选择"直线"工具 ✏，或反复按 Shift+U 组合键，其属性栏状态如图 3-158 所示。其属性栏中的内容与矩形工具属性栏的选项内容类似，只增加了"粗细"选项，用于设定直线的宽度。

图 3-158

单击属性栏中的按钮 ⚙，弹出"箭头"面板，如图 3-159 所示。起点：用于选择位于线段始端的箭头。终点：用于选择位于线段末端的箭头。宽度：用于设定箭头宽度和线段宽度的比值。长度：用于设定箭头长度和线段长度的比值。凹度：用于设定箭头凹凸的形状。

原始图像效果如图 3-160 所示，在图像中绘制不同效果的直线，如图 3-161 所示，"图层"控制面板中的效果如图 3-162 所示。

图 3-159　　　　　图 3-160　　　　　图 3-161　　　　　图 3-162

3.4.9　自定形状工具

选择"自定形状"工具 ✿，或反复按 Shift+U 组合键，其属性栏状态如图 3-163 所示。其属性栏中的内容与矩形工具属性栏的选项内容类似，只增加了"形状"选项，用于选择所需的形状。

图 3-163

单击"形状"选项右侧的按钮 ▫，弹出图 3-164 所示的形状面板，面板中存储了可供选择的各种不规则形状。

原始图像效果如图 3-165 所示。在图像中绘制形状图形，效果如图 3-166 所示，"图层"控制面板中的效果如图 3-167 所示。

图 3-164　　　　　图 3-165　　　　　图 3-166　　　　　图 3-167

选择"钢笔"工具 ，在图像窗口中绘制并填充路径，效果如图3-168所示。选择"编辑 > 定义自定形状"命令，弹出"形状名称"对话框，在"名称"选项的文本框中输入自定形状的名称，如图3-169所示。单击"确定"按钮，在"形状"选项的面板中将会显示刚才定义的形状，如图3-170所示。

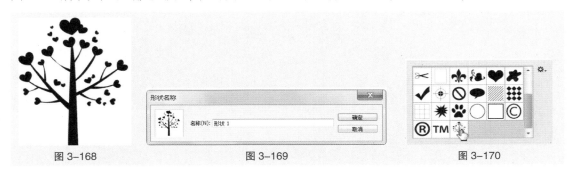

| 图 3-168 | 图 3-169 | 图 3-170 |

3.5 课堂练习——绘制蝴蝶插画

【练习知识要点】使用魔棒工具选取图像，使用移动工具移动选区中的图像，使用水平翻转命令翻转图像，效果如图3-171所示。

扫码观看
本案例视频

图 3-171

3.6 课后习题——制作果汁广告

【习题知识要点】使用椭圆选区工具和羽化选区命令制作投影效果，使用魔棒工具选取图像，使用反选命令制作选区反选效果，使用移动工具移动选区中的图像，效果如图3-172所示。

扫码观看
本案例视频

图 3-172

第 4 章

04

抠图

▶ **本章介绍**

    抠图是图像处理中必不可少的步骤，是对图像进行后续处理的准备工作。本章介绍了使用工具和命令抠图的方法和技巧，通过对本章的学习，读者可以更有效地抠取图像，达到事半功倍的效果。

学习目标

- 熟练掌握使用工具抠图的方法
- 掌握命令抠图的技巧

技能目标

- 掌握"手机 banner"的制作方法
- 掌握"使用魔棒工具更换天空"的方法
- 掌握"使用钢笔工具抠出包包"的技巧
- 掌握"装饰画"的制作方法
- 掌握"使用调整边缘命令抠出头发"的方法
- 掌握"使用通道面板抠出婚纱"的技巧
- 掌握"使用混合颜色带抠出闪电"的方法

慕课视频

抠图

4.1 工具抠图

4.1.1 课堂案例——制作手机 banner

【案例学习目标】学习使用不同的选择工具选取不同的图像，并应用移动工具移动装饰图形。

【案例知识要点】使用磁性套索工具绘制选区，使用魔棒工具选取图像，使用移动工具移动选区中的图像，效果如图 4-1 所示。

图 4-1

（1）按 Ctrl+O 组合键，打开素材 01、02 文件，如图 4-2 所示。选择"快速选择"工具 ，在"02"图像窗口中手机区域单击并拖曳鼠标，图像周围生成选区，如图 4-3 所示。

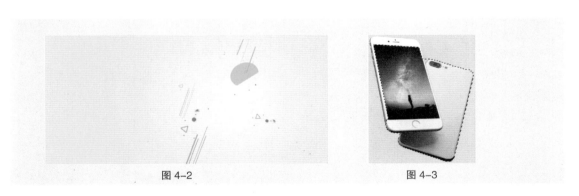

图 4-2　　　　　　　　　　　　　　　　图 4-3

（2）在属性栏中单击"添加到选区"按钮 ，在未选中的区域单击并拖曳鼠标，添加到选区，效果如图 4-4 所示。单击"从选区减去"按钮 ，在多选的区域单击并拖曳鼠标，从选区减去，效果如图 4-5 所示。

（3）选择"移动"工具 ，将选区中的图像拖曳到"01"图像窗口中适当的位置，并调整其大小，效果如图 4-6 所示，在"图层"控制面板中生成新的图层并将其命名为"手机"。

图 4-4

图 4-5

图 4-6

（4）将前景色设为黑色。选择"横排文字"工具 **T**，在适当的位置分别输入需要的文字并选取文字，在属性栏中选择合适的字体并设置大小，效果如图 4-7 所示，在"图层"控制面板中分别生成新的文字图层。选取文字"立即查看"，填充文字为白色，效果如图 4-8 所示。

（5）选择"矩形"工具 ▢，在属性栏的"选择工具模式"选项中选择"形状"，将"填充"颜色设为无，"描边"颜色设为黑色，"描边宽度"选项设为 1 点，在图像窗口中拖曳鼠标绘制矩形，效果如图 4-9 所示，在"图层"控制面板中生成新的形状图层"矩形 1"。

图 4-7 　　　　　　　　　　　图 4-8 　　　　　　　　　　　图 4-9

（6）选择"圆角矩形"工具 ▢，在属性栏中将"填充"颜色设为红色（255、0、0），"描边"颜色设为无，"半径"选项设为 25 像素，在图像窗口中拖曳鼠标绘制圆角矩形，则在"图层"控制面板中生成新的形状图层"圆角矩形 1"，将"圆角矩形 1"图层拖曳到"立即查看"文字图层下方，效果如图 4-10 所示。

（7）手机 banner 制作完成，效果如图 4-11 所示。

图 4-10 　　　　　　　　　　　　　　图 4-11

4.1.2　快速选择工具

快速选择工具可以使用调整的圆形画笔笔尖快速绘制选区。

选择"快速选择"工具 ，其属性栏状态如图 4-12 所示。

 ：为选区选择方式选项。单击"画笔"选项右侧的 按钮，弹出画笔面板，如图 4-13 所示，可以设置画笔的大小、硬度、间距、角度和圆度。自动增强：可以调整所绘制选区边缘的粗糙度。

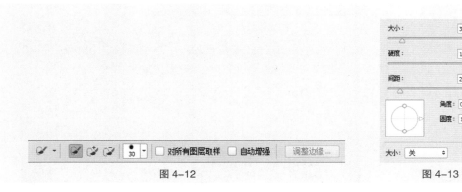

图 4-12　　　　　　　　　　　　　　　　　　　　　　　图 4-13

4.1.3　课堂案例——使用魔棒工具更换天空

【案例学习目标】学习使用魔棒工具选取颜色相同或相近的区域。

【案例知识要点】使用魔棒工具更换背景，使用亮度 / 对比度命令调整图片亮度，使用横排文字工具添加文字，效果如图 4-14 所示。

扫码观看
本案例视频

扫码观看
扩展案例

图 4-14

（1）按 Ctrl + O 组合键，打开素材 01、02 文件，如图 4-15 和图 4-16 所示。

图 4-15

图 4-16

（2）双击"01"图像中的"背景"图层，在弹出的对话框中进行设置，如图 4-17 所示，单击"确定"按钮，将"背景"图层转换为普通图层。

图 4-17

（3）选择"魔棒"工具 ，在属性栏中将"容差"选项设为 60，在图像窗口中的天空区域单击，图像周围生成选区，如图 4-18 所示。按 Delete 键，将所选区域删除，效果如图 4-19 所示。

图 4-18　　　　　　　　　　　　　　　　图 4-19

（4）选择"移动"工具 ，将"02"文件拖曳到"01"图像窗口中，在"图层"控制面板中生成新的图层并将其命名为"天空"。将"天空"图层拖曳到"城市"图层的下方，如图 4-20 所示，效果如图 4-21 所示。

图 4-20　　　　　　　　　　　　　　　　图 4-21

（5）选中"城市"图层。选择"图像 > 调整 > 亮度/对比度"命令，在弹出的对话框中进行设置，如图 4-22 所示，单击"确定"按钮，效果如图 4-23 所示。

图 4-22　　　　　　　　　　　　　　　　图 4-23

（6）将前景色设为白色。选择"横排文字"工具 $\boxed{\text{T}}$ ，在适当的位置输入需要的文字并选取文字，在属性栏中选择合适的字体并设置大小，效果如图 4-24 所示，在"图层"控制面板中生成新的文字图层。

（7）新建图层并将其命名为"圆"。选择"椭圆选框"工具 $\boxed{\bigcirc}$ ，按住 Shift 键的同时，在图像窗口中绘制一个圆形选区，如图 4-25 所示。按 Alt+Delete 组合键，用前景色填充选区。按 Ctrl+D 组合键，取消选区，效果如图 4-26 所示。用相同的方法绘制其他圆形，效果如图 4-27 所示。

图 4-24　　　　　　　图 4-25　　　　　　　图 4-26　　　　　　　图 4-27

（8）选择"移动"工具 $\boxed{\blacktriangleright_+}$ ，选取图形，按住 Alt+Shift 组合键的同时，水平向左拖曳到适当的位置，按 Ctrl+T 组合键，图像周围出现变换框，在变换框中单击鼠标右键，在弹出的菜单中选择"旋转 180 度"命令，将图片逆时针旋转 180 度，按 Enter 键确定操作，效果如图 4-28 所示。使用魔棒工具更换天空效果制作完成，效果如图 4-29 所示。

图 4-28　　　　　　　　　　　　　　　　图 4-29

4.1.4　魔棒工具

魔棒工具可以用来选取图像中的某一点，并将与这一点颜色相同或相近的点自动融入选区中。

选择"魔棒"工具 $\boxed{\text{🪄}}$ ，或按 W 键，其属性栏状态如图 4-30 所示。

图 4-30

取样大小：用于设置取样范围的大小。容差：用于控制色彩的范围，数值越大，可容许的颜色范围越大。消除锯齿：用于清除选区边缘的锯齿。连续：用于选择单独的色彩范围。对所有图层取样：用于将所有可见层中颜色容许范围内的色彩加入选区。

选择"魔棒"工具 $\boxed{\text{🪄}}$ ，在图像中单击需要选择的颜色区域，生成选区，如图 4-31 所示。调整属性栏中的容差值，再次单击需要选择的区域，生成不同的选区，效果如图 4-32 所示。

图 4-31

图 4-32

4.1.5　课堂案例——使用钢笔工具抠出包包

【案例学习目标】学习使用不同的绘制工具绘制并调整路径。

【案例知识要点】使用钢笔工具、添加锚点工具和转换点工具绘制路径，应用选区和路径的转换命令进行转换，使用文字工具添加文字，效果如图 4-33 所示。

扫码观看
本案例视频

扫码观看
扩展案例

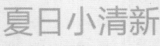

图 4-33

（1）按 Ctrl+N 组合键，新建一个文件，宽度为 32cm，高度为 15cm，分辨率为 150 像素 / 英寸，背景内容为白色，新建文档。新建图层并将其命名为"底色"。将前景色设为蓝色（232、239、248）。按 Alt+Delete 组合键，用前景色填充图层。

（2）按 Ctrl + O 组合键，打开素材 01 文件，如图 4-34 所示。选择"钢笔"工具 ，在属性栏的"选择工具模式"选项中选择"路径"，在图像窗口中沿着实物轮廓绘制路径，如图 4-35 所示。

图 4-34

图 4-35

（3）按住 Ctrl 键的同时，"钢笔"工具 转换为"直接选择"工具 ，如图 4-36 所示。拖曳路径中的锚点来改变路径的弧度，如图 4-37 所示。

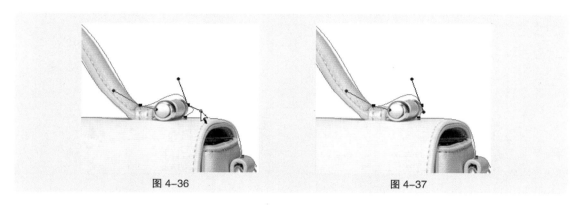

图 4-36 图 4-37

（4）将鼠标光标移动到路径上，"钢笔"工具![]转换为"添加锚点"工具![]，如图 4-38 所示，在路径上单击鼠标添加锚点，如图 4-39 所示。按住 Ctrl 键的同时，"钢笔"工具![]转换为"直接选择"工具![]，拖曳路径中的锚点来改变路径的弧度，如图 4-40 所示。

图 4-38 图 4-39 图 4-40

（5）用相同的方法调整路径，效果如图 4-41 所示。单击属性栏中的"路径操作"按钮![]，在弹出的面板中选择"减去顶层形状"，绘制路径，如图 4-42 所示。按 Ctrl+Enter 组合键，将路径转换为选区，如图 4-43 所示。

图 4-41 图 4-42 图 4-43

（6）选择"移动"工具![]，将选区中的图像拖曳到新建文件中，如图 4-44 所示，在"图层"控制面板中生成新的图层并将其命名为"包包"。按 Ctrl+T 组合键，在图像周围出现变换框，拖曳鼠标调整图像的大小和位置，按 Enter 键确定操作，效果如图 4-45 所示。

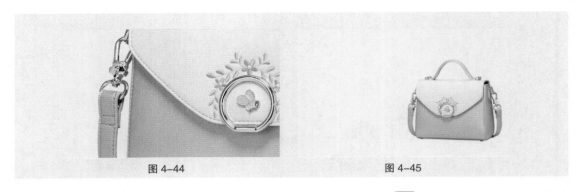

图 4-44   图 4-45

（7）新建图层并将其命名为"投影"。选择"椭圆选框"工具 ⬭，在属性栏中将"羽化"选项设为 10，在图像窗口中拖曳鼠标绘制椭圆选区。填充选区为黑色，按 Ctrl+D 组合键，取消选区，效果如图 4-46 所示。在"图层"控制面板中将"投影"图层拖曳到"包包"图层的下方，效果如图 4-47 所示。

图 4-46   图 4-47

（8）将前景色设为粉红色（253、115、138），选择"横排文字"工具 T，在适当的位置输入需要的文字并选取文字，在属性栏中选择合适的字体并设置大小，效果如图 4-48 所示，在"图层"控制面板中分别生成新的文字图层。用相同的方法输入其他文字，并填充相应的颜色，效果如图 4-49 所示。

图 4-48   图 4-49

（9）选择"椭圆"工具 ⬭，在属性栏的"选择工具模式"选项中选择"路径"，将"填充"颜色设为黑色，按住 Shift 键的同时，在图像窗口中拖曳鼠标绘制圆形，效果如图 4-50 所示。在"图层"控制面板中生成新的形状图层"椭圆 1"。

（10）选择"圆角矩形"工具 ▢，在属性栏中将"填充"颜色设为红色（253、115、138），"半径"选项设为 25 像素，在图像窗口中拖曳鼠标绘制圆角矩形，在"图层"控制面板中生成新的形状图层"圆角矩形 1"。将该图层拖曳到"特价包邮"文字图层下方，效果如图 4-51 所示。使用钢笔工具抠出包包效果制作完成。

图 4-50   图 4-51

4.1.6　钢笔工具

选择"钢笔"工具 ，或反复按 Shift+P 组合键，其属性栏状态如图 4-52 所示。

图 4-52

按住 Shift 键创建锚点时，将强迫系统以 45°或 45°的倍数绘制路径。按住 Alt 键，当"钢笔"工具 移到锚点上时，暂时将"钢笔"工具 转换为"转换点"工具 。按住 Ctrl 键时，暂时将"钢笔"工具 转换成"直接选择"工具 。

选择"钢笔"工具 ，在图像中任意位置单击鼠标，创建 1 个锚点，将鼠标移动到其他位置再次单击，创建第 2 个锚点，两个锚点之间将自动以直线进行连接，如图 4-53 所示。再将鼠标移动到其他位置单击，创建第 3 个锚点，而系统将在第 2 个和第 3 个锚点之间生成一条新的直线路径，如图 4-54 所示。将鼠标移至第 2 个锚点上，鼠标光标暂时转换成"删除锚点"工具 ，如图 4-55所示，在锚点上单击，即可将第 2 个锚点删除，如图 4-56 所示。

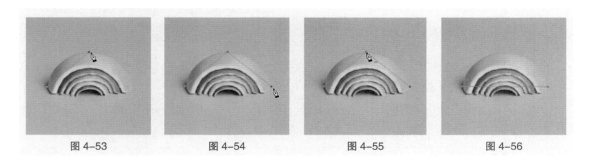

图 4-53   图 4-54   图 4-55   图 4-56

选择"钢笔"工具 ，单击鼠标建立新的锚点并按住鼠标不放，拖曳鼠标，建立曲线段和曲线锚点，如图 4-57 所示。释放鼠标，按住 Alt 键的同时，用"钢笔"工具 单击刚建立的曲线锚点，如图 4-58 所示，将其转换为直线锚点，在其他位置再次单击鼠标建立下一个新的锚点，可在曲线段后绘制出直线段，如图 4-59 所示。

图 4-57　　　　　　　　　　图 4-58　　　　　　　　　　图 4-59

4.2　命令抠图

4.2.1　课堂案例——制作装饰画

【案例学习目标】学习使用色彩范围命令制作装饰画剪影。

【案例知识要点】使用图层样式制作图案底图，使用矩形工具和剪贴蒙版制作装饰画，使用色彩范围命令抠出自行车剪影，效果如图 4-60 所示。

扫码观看
本案例视频

扫码观看
扩展案例

图 4-60

（1）按 Ctrl+N 组合键，新建一个文件，宽度为 15cm，高度为 15cm，分辨率为 150 像素 / 英寸，背景内容为白色，新建文档。

（2）双击"背景"图层，在弹出的对话框中进行设置，如图 4-61 所示，单击"确定"按钮。在"图层"控制面板中将"背景"图层转换为普通图层，如图 4-62 所示。

（3）单击"图层"控制面板下方的"添加图层样式"按钮 **fx**，在弹出的菜单中选择"图案叠加"命令，弹出对话框，单击"图案"选项右侧的按钮，弹出图案面板，单击右上方的按钮，在弹出的菜单中选择"浅黄软牛皮纸"命令，弹出提示对话框，单击"追加"按钮。在面板中选择需要的图案，如图 4-63 所示，其他选项的设置如图 4-64 所示。单击"确定"按钮，效果如图 4-65 所示。

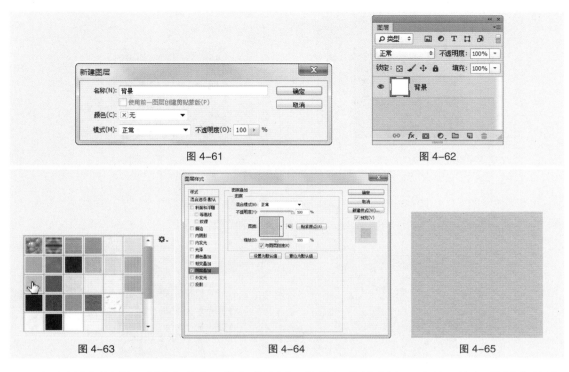

图 4-61   图 4-62

图 4-63   图 4-64   图 4-65

（4）选择"文件 > 置入"命令，弹出"置入"对话框，选择素材 01 文件，单击"置入"按钮，将图片置入到图像窗口中，并拖曳到适当的位置，按 Enter 键确定操作，效果如图 4-66 所示，在"图层"控制面板中生成新的图层并将其命名为"相框"。

（5）单击"图层"控制面板下方的"添加图层样式"按钮 **fx.**，在弹出的菜单中选择"投影"命令，在弹出的对话框中进行设置，如图 4-67 所示，单击"确定"按钮，效果如图 4-68 所示。

图 4-66   图 4-67   图 4-68

（6）选择"矩形"工具 ■，在属性栏的"选择工具模式"选项中选择"形状"，将"填充"颜色设为黑色，在图像窗口中绘制矩形，效果如图 4-69 所示，在"图层"控制面板中生成新的形状图层并将其命名为"矩形 1"。

（7）选择"文件 > 置入"命令，弹出"置入"对话框，选择素材 02 文件，单击"置入"按钮，将图片置入到图像窗口中，并拖曳到适当的位置，按 Enter 键确定操作，效果如图 4-70 所示，在"图层"控制面板中生成新的图层并将其命名为"底图"。

图 4-69   图 4-70

（8）在"图层"控制面板中，按住 Alt 键的同时，将鼠标光标放在"底图"图层与"矩形 1"图层的中间，如图 4-71 所示，单击鼠标，为图层创建剪贴蒙版，效果如图 4-72 所示。

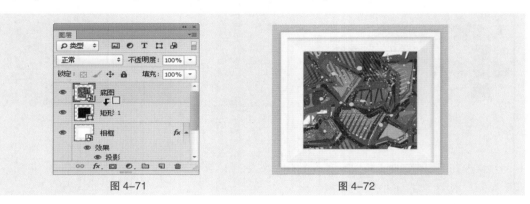

图 4-71   图 4-72

（9）按 Ctrl + O 组合键，打开素材 03 文件，如图 4-73 所示。选择"选择 > 色彩范围"命令，弹出对话框，在预览窗口中适当的位置单击鼠标吸取颜色，其他选项的设置如图 4-74 所示。单击"确定"按钮，生成选区，效果如图 4-75 所示。

图 4-73   图 4-74   图 4-75

（10）选择"移动"工具 ，将选区中的图像拖曳到新建图像窗口中，效果如图 4-76 所示，在"图层"控制面板中生成新的图层并将其命名为"自行车剪影"。

（11）在"图层"控制面板中，按住 Alt 键的同时，将鼠标光标放在"自行车剪影"图层与"底图"图层的中间，如图 4-77 所示，单击鼠标，为图层创建剪贴蒙版，效果如图 4-78 所示。装饰画制作完成。

图 4-76

图 4-77

图 4-78

4.2.2 色彩范围命令

选择"选择 > 色彩范围"命令，弹出"色彩范围"对话框，如图 4-79 所示。可以根据选区内或整个图像中的颜色差异更加精确地创建不规则选区。

图 4-79

选择：可以选择选区的取样方式。检测人脸：勾选此复选框，可以更准确地选择肤色。本地化颜色簇：勾选此复选框，显示最大取样范围。颜色容差：可以调整选定颜色的范围。选区预览：可以选择图像窗口中选区的预览方式。

4.2.3 课堂案例——使用调整边缘命令抠出头发

【案例学习目标】学习使用调整边缘命令抠图。

【案例知识要点】使用钢笔工具绘制人物图像选区，使用调整边缘命令修饰选区边缘，使用移动工具拖曳图片位置，效果如图 4-80 所示。

扫码观看
本案例视频

扫码观看
扩展案例

图 4-80

（1）按 Ctrl + O 组合键，打开素材 01 文件，如图 4-81 所示。选择"钢笔"工具 ，抠出人物图像，将头发大致抠出即可。按 Ctrl+Enter 组合键，将路径转换为选区，效果如图 4-82 所示。

图 4-81　　　　　　　　　　　图 4-82

（2）选择"选择 > 调整边缘"命令，弹出对话框，单击"视图"选项右侧的按钮，在弹出的面板中选择"叠加"选项，如图 4-83 所示，图像窗口中显示叠加视图模式，如图 4-84 所示。选择"调整半径"工具，在属性栏中将"大小"选项设为 350，在人物图像中涂抹头发边缘，将头发与背景分离，效果如图 4-85 所示。

图 4-83　　　　　　　　　　图 4-84　　　　　　　　　　图 4-85

（3）其他选项的设置如图 4-86 所示，单击"输出到"选项右侧的按钮，在弹出的菜单中选择"新建带有图层蒙版的图层"选项，单击"确定"按钮，在"图层"控制面板中生成蒙版图层，如图 4-87 所示，效果如图 4-88 所示。

（4）按 Ctrl + O 组合键，打开素材 02 文件，选择"移动"工具，将"02"文件拖曳到"01"文件中，生成新的图层将其命名为"底图"，拖曳到"背景 拷贝"图层的下方，效果如图 4-89 所示。用同样方法打开"03"文件，拖曳到适当的位置，并将其命名为"装饰"，效果如图 4-90 所示。使用调整边缘命令抠出头发效果制作完成。

图 4-86

图 4-87

图 4-88

图 4-89

图 4-90

4.2.4　调整边缘命令

在图像中绘制选区，如图 4-91 所示。选择"选择 > 调整边缘"命令，弹出对话框，如图 4-92 所示。

图 4-91

图 4-92

视图：可以选择选区图像的显示方式。显示半径：可以在发生边缘调整的位置显示选区边框。显示原稿：可以查看原始选区。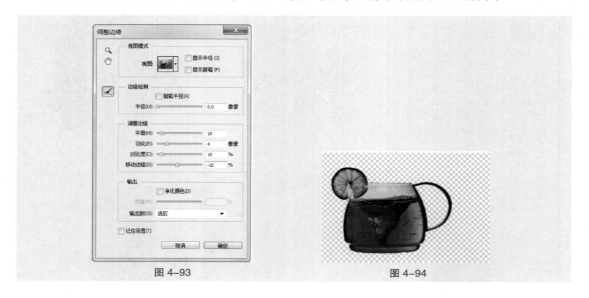：可以精确调整选区边缘。智能半径：可以使半径自动适应图像边缘。半径：可以设置调整区域的大小。平滑：可以使选区边缘变平滑。羽化：可以柔化选区边缘。对比度：可以增加选区边缘的对比度。移动边缘：可以收缩或扩展选区。净化颜色 / 数量：设置从图像移去的彩色边数量。输出到：可以选择选区的输出方式。记住设置：可以存储当前的设置。

在对话框中的设置如图 4-93 所示，单击"确定"按钮，图像效果如图 4-94 所示。

图 4-93

图 4-94

4.2.5 课堂案例——使用通道面板抠出婚纱

【案例学习目标】学习使用通道面板抠图。

【案例知识要点】使用钢笔工具绘制选区，使用色阶命令调整图片，使用横排文字工具添加文字，使用移动工具调整图像位置，效果如图 4-95 所示。

扫码观看
本案例视频

扫码观看
扩展案例

图 4-95

（1）按 Ctrl+O 组合键，打开素材 01 文件，如图 4-96 所示。

（2）选择"钢笔"工具 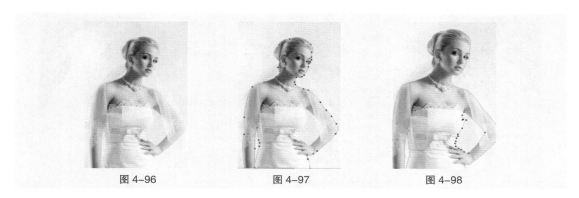，在属性栏的"选择工具模式"选项中选择"路径"，沿着人物的轮廓绘制路径，绘制时要避开半透明的婚纱，如图 4-97 所示。单击属性栏中的"路径操作"按钮，在弹出的面板中选择"减去顶层形状"选项，绘制路径，效果如图 4-98 所示。

图 4-96　　　　　　　　图 4-97　　　　　　　　图 4-98

（3）选择"路径选择"工具，将绘制的路径同时选取。按 Ctrl+Enter 组合键，将路径转换为选区，效果如图 4-99 所示。单击"通道"控制面板下方的"将选区存储为通道"按钮，将选区存储为通道，如图 4-100 所示。

图 4-99　　　　　　　　　　　　　图 4-100

（4）将"蓝"通道拖曳到控制面板下方的"创建新通道"按钮 上，复制通道，如图 4-101 所示。选择"钢笔"工具 ，在图像窗口中沿着婚纱边缘绘制路径，如图 4-102 所示。按 Ctrl+Enter 组合键，将路径转换为选区，效果如图 4-103 所示。

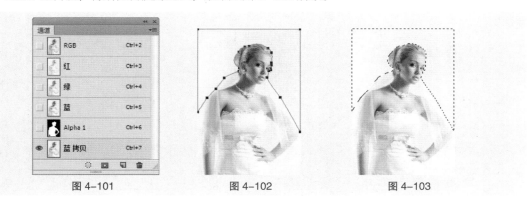

图 4-101　　　　　　　　图 4-102　　　　　　　　图 4-103

（5）将前景色设为黑色。按 Alt+Delete 组合键，用前景色填充选区。取消选区后，效果如图 4-104 所示。选择"图像 > 计算"命令，在弹出的对话框中进行设置，如图 4-105 所示，单击"确定"按钮，得到新的通道图像，效果如图 4-106 所示。

图 4-104　　　　　　　　　　　图 4-105　　　　　　　　　　　图 4-106

（6）选择"图像 > 调整 > 色阶"命令，在弹出的对话框中进行设置，如图 4-107 所示，单击"确定"按钮，调整图像，效果如图 4-108 所示。按住 Ctrl 键的同时，单击"Alpha 2"通道的缩览图，如图 4-109 所示，载入婚纱选区，效果如图 4-110 所示。

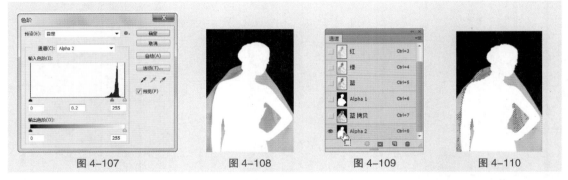

图 4-107　　　　　　　图 4-108　　　　　　　图 4-109　　　　　　　图 4-110

（7）单击"RGB"通道，显示彩色图像。单击"图层"控制面板下方的"添加图层蒙版"按钮 ，添加图层蒙版，如图 4-111 所示，抠出婚纱图像，效果如图 4-112 所示。按 Ctrl+O 组合键，打开素材 02 文件，如图 4-113 所示。

（8）将前景色设为白色。选择"横排文字"工具 T，在适当的位置输入需要的文字并选取文字，在属性栏中选择合适的字体并设置大小，效果如图 4-114 所示，在"图层"控制面板中生成新的文字图层。

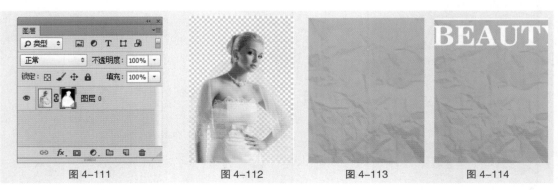

图 4-111　　　　　　　图 4-112　　　　　　　图 4-113　　　　　　　图 4-114

（9）按 Ctrl+T 组合键，在文字周围出现变换框，拖曳左侧中间的控制手柄到适当的位置，调整文字，并拖曳到适当的位置，按 Enter 键确定操作，效果如图 4-115 所示。选择"移动"工具 ⊹，将 01 文件拖曳到 02 图像窗口中的适当位置，效果如图 4-116 所示，在"图层"控制面板中生成新的图层并将其命名为"模特"，如图 4-117 所示。

图 4-115　　　　　　　　图 4-116　　　　　　　　图 4-117

（10）按 Ctrl+L 组合键，弹出"色阶"对话框，选项的设置如图 4-118 所示，单击"确定"按钮，图像效果如图 4-119 所示。

（11）按 Ctrl+O 组合键，打开素材 03 文件，选择"移动"工具 ⊹，将图像拖曳到 02 图像窗口中适当的位置，效果如图 4-120 所示，在"图层"控制面板中生成新的图层并将其命名为"文字"。使用通道面板抠出婚纱制作完成。

图 4-118　　　　　　　　图 4-119　　　　　　　　图 4-120

4.2.6　颜色通道

颜色通道记录了图像颜色的信息内容，根据颜色模式的不同，颜色通道的数量也不同。例如，RGB 图像模式默认红、绿、蓝及一个复合通道，如图 4-121 所示；CMYK 图像模式默认青色、洋红、黄色、黑色及一个复合通道，如图 4-122 所示；Lab 图像默认明度、a、b 及一个复合通道，如图 4-123 所示。

图 4-121　　　　　　　　图 4-122　　　　　　　　图 4-123

4.2.7 专色通道

单击"通道"控制面板右上方的图标 ▼☰，弹出其命令菜单，选择"新建专色通道"命令，弹出"新建专色通道"对话框，如图4-124 所示。

图 4-124

单击"通道"控制面板中新建的专色通道。选择"画笔"工具 ✐ ，在"画笔"控制面板中进行设置，如图 4-125 所示，在图像中进行绘制，效果如图 4-126 所示，"通道"控制面板中的效果如图 4-127 所示。

图 4-125　　　　　　　　　图 4-126　　　　　　　　　图 4-127

4.2.8 Alpha 通道

Alpha 通道可以记录图像不透明度信息，定义透明、不透明和半透明区域，其中黑表示透明，白表示不透明，灰表示半透明。

4.2.9 课堂案例——使用混合颜色带抠出闪电

【案例学习目标】学习使用混合颜色带抠图。

【案例知识要点】使用置入命令置入图片，使用混合颜色带抠出闪电，效果如图4-128所示。

扫码观看　　扫码观看
本案例视频　　扩展案例

图 4-128

（1）按 Ctrl+O 组合键，打开素材 01 文件，如图 4-129 所示。

图 4-129

（2）选择"文件 > 置入"命令，弹出"置入"对话框，选择素材 02 文件，单击"置入"按钮，将图片置入到图像窗口中，并拖曳到适当的位置，按 Enter 键确定操作，效果如图 4-130 所示，在"图层"控制面板中生成新的图层并将其命名为"闪电"，如图 4-131 所示。

（3）单击"图层"控制面板下方的"添加图层样式"按钮 **fx.**，在弹出的菜单中选择"混合选项"命令，弹出对话框。按住 Alt 键的同时，将"本图层"选项左侧的右滑块拖曳至右侧，单击"确定"按钮，效果如图 4-132 所示。

图 4-130　　　　　　　　图 4-131　　　　　　　　图 4-132

（4）单击"图层"控制面板下方的"添加图层蒙版"按钮 ■，为图层添加蒙版，如图 4-133 所示。将前景色设为黑色。选择"画笔"工具 ✎，在属性栏中单击"画笔"选项右侧的按钮 ，在弹出的面板中选择需要的画笔形状，如图 4-134 所示。在属性栏中将"不透明度"选项设为 50%，"流量"选项设为 50%，在图像窗口中拖曳鼠标擦除不需要的图像，效果如图 4-135 所示。

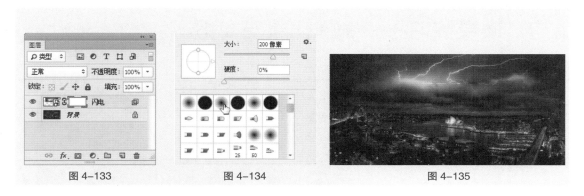

图 4-133　　　　　　　　图 4-134　　　　　　　　图 4-135

（5）按 Ctrl+J 组合键，复制并生成新的拷贝图层。在"图层"控制面板上方，将"闪电 拷贝"图层的"不透明度"选项设为 20%，如图 4-136 所示，效果如图 4-137 所示。使用混合颜色带抠出闪电制作完成。

图 4-136   图 4-137

4.2.10　混合颜色带

选择一个图层。选择"图层 > 图层样式 > 混合选项"命令，弹出对话框，如图 4-138 所示。可以设置图层的混合选项。

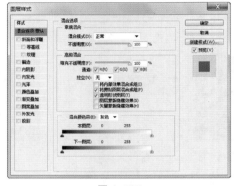

图 4-138

常规混合：可以设置当前图层的混合模式和不透明度。高级混合：可以设置图层的填充不透明度、混合通道以及穿透方式。混合颜色带：可以用来控制当前层与下一图层混合所要显示的像素。

4.3　课堂练习——制作化妆品海报

【练习知识要点】使用通道命令抠出人物，使用色阶命令调整图像颜色，使用图层样式命令添加图片阴影效果，效果如图 4-139所示。

扫码观看
本案例视频

图 4-139

4.4　课后习题——制作食物卡

【习题知识要点】使用钢笔工具、添加锚点工具和转换点工具绘制路径，使用选区和路径的转换命令进行转换，使用图层样式为图像添加投影效果，效果如图 4-140 所示。

图 4-140

第 5 章

修图

05

▶ 本章介绍

　　修图与当代的审美息息相关，目的是将图像修整得更为完美。本章将主要介绍常用的裁剪工具、修饰工具和润饰工具的使用方法。通过本章的学习，读者可以了解和掌握修饰图像的基本方法与操作技巧，快速地裁剪、修饰和润饰图像，使其更加美观、漂亮。

学习目标

● 掌握裁剪工具的使用方法
● 熟练掌握修饰工具的使用技巧
● 掌握润饰工具的使用方法

技能目标

● 掌握"证件照"的制作方法
● 掌握"模特脸部"的修饰方法
● 掌握"美女照片"的修饰技巧

慕课视频

修图

5.1 裁剪工具

5.1.1 课堂案例——制作证件照

【案例学习目标】学习使用裁剪工具制作证件照。

【案例知识要点】使用裁剪工具裁剪图像，使用图层样式添加投影和描边，效果如图5-1所示。

扫描观看
本案例视频

扫码观看
扩展案例

图 5-1

（1）按 Ctrl+N 组合键，新建一个文件，宽度为 10cm，高度为 7cm，分辨率为 300 像素 / 英寸，背景内容为白色，新建文档。

（2）按 Ctrl+O 组合键，打开素材 01 文件，如图 5-2 所示。选择"裁剪"工具 ⌗，属性栏中的设置如图 5-3 所示，在图像窗口中适当的位置拖曳一个裁切区域，如图 5-4 所示，按 Enter 键确定操作，效果如图 5-5 所示。

| ⌗ ▾ | 宽 × 高 × 分... ≑ | 2.5 厘米 | ⇄ | 3.5 厘米 | 300 | 像素/英寸 ≑ | 清除 | 📷 拉直 |

图 5-2

图 5-3　　　　　　图 5-4　　　　　　图 5-5

（3）选择"移动"工具 ⊕，将 01 文件拖曳到新建窗口中的适当位置，效果如图 5-6 所示，在"图层"控制面板中生成新的图层并将其命名为"照片"，如图 5-7 所示。

图 5-6 图 5-7

（4）单击"图层"控制面板下方的"添加图层样式"按钮 $fx.$，在弹出的菜单中选择"投影"复选框，弹出对话框，将"不透明度"选项设为 75%，其他选项的设置如图 5-8 所示。选择"描边"复选框，切换到相应的对话框，将描边颜色设为白色，其他选项的设置如图 5-9 所示，单击"确定"复选框，效果如图 5-10 所示。按住 Alt 键的同时，水平向右拖曳图像到适当的位置，复制图像，效果如图 5-11所示。

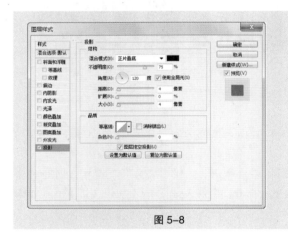
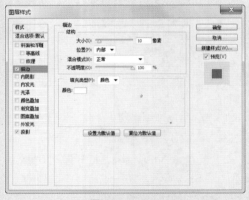

图 5-8 图 5-9

图 5-10 图 5-11

（5）用相同的方法复制图像，效果如图 5-12 所示。在"图层"控制面板中，按住 Shift 键的同时，单击"照片"图层，将原图层和拷贝图层同时选取。按住 Alt+Shift 组合键的同时，垂直向下拖曳图像到适当的位置，复制图像，效果如图 5-13 所示。证件照制作完成。

图 5-12   图 5-13

5.1.2 裁剪工具

在 Photoshop 中可以使用裁剪工具裁剪图像，重新定义画布的大小。

选择"裁剪"工具 ，其属性栏状态如图 5-14 所示。

图 5-14

　比例 ：选择预设的裁剪比例。　 ：可以自定义裁剪框的长宽比。　 ：可以快速拉直倾斜的图像。 三等分 ：可以选择裁剪方式。 ：设置裁剪选项。删除裁剪的像素：可以控制裁掉的图像是否彻底删除。

打开一幅图像，在图像窗口中绘制裁剪框，如图 5-15 所示，按 Enter 键确定操作，效果如图 5-16 所示。

图 5-15   图 5-16

5.1.3 裁剪命令

打开一幅图像，选择"矩形选框"工具 ，绘制出要裁切的图像区域，如图 5-17 所示。选择"图像 > 裁剪"命令，图像按选区进行裁剪，效果如图 5-18 所示。

图 5-17   图 5-18

5.2 修饰工具

5.2.1 课堂案例——修饰模特脸部

【案例学习目标】学习使用多种修图工具修复人物照片。

【案例知识要点】使用缩放工具调整图像大小，使用红眼工具去除人物红眼，使用污点修复画笔工具修复雀斑和痘印，使用修补工具修复眼袋和颈部皱纹，使用仿制图章工具修复项链，效果如图5-19所示。

扫码观看
本案例视频

扫码观看
扩展案例

图 5-19

（1）按 Ctrl+O 组合键，打开素材 01 文件，如图 5-20 所示。按 Ctrl + J 组合键，复制"背景"图层。

（2）选择"缩放"工具 🔍 ，在图像窗口中鼠标指针变为放大 🔍 图标，单击鼠标将图片放大到适当的大小，如图 5-21 所示。

图 5-20

图 5-21

（3）选择"红眼"工具 ，属性栏中的设置如图 5-22 所示，在人物左侧眼睛上单击鼠标，去除红眼，效果如图 5-23 所示。用相同的方法去除右侧的红眼，效果如图 5-24 所示。

（4）选择"污点修复画笔"工具 ，将鼠标光标放置在要修复的污点图像上，如图 5-25 所示，单击鼠标，去除污点，效果如图 5-26 所示。用相同的方法继续去除脸部的所有雀斑、痘痘和发丝，效果如图 5-27 所示。

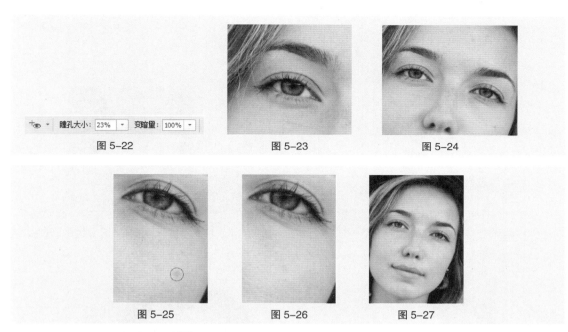

图 5-22　　　　　　　　　图 5-23　　　　　　　　　图 5-24

图 5-25　　　　　　　　　图 5-26　　　　　　　　　图 5-27

（5）选择"修补"工具 ，在图像窗口中圈选眼袋部分，如图 5-28 所示，在选区中单击并拖曳到适当的位置，如图 5-29 所示，释放鼠标，修补眼袋。按 Ctrl+D 组合键，取消选区，效果如图 5-30 所示。用相同的方法继续修补眼袋、颈部皱纹，效果如图 5-31 所示。

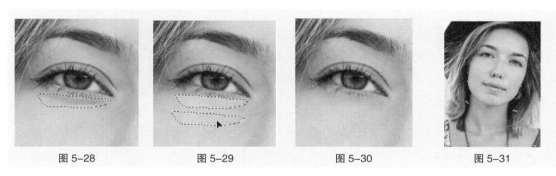

图 5-28　　　　　　　图 5-29　　　　　　　　图 5-30　　　　　　　　图 5-31

（6）选择"仿制图章"工具 ，在属性栏中单击"画笔"选项右侧的按钮 ，弹出画笔预设面板，设置如图 5-32 所示。将鼠标光标放置在颈部需要取样的位置，按住 Alt 键的同时，光标变为圆形十字图标 ，如图 5-33 所示，单击鼠标确定取样点。

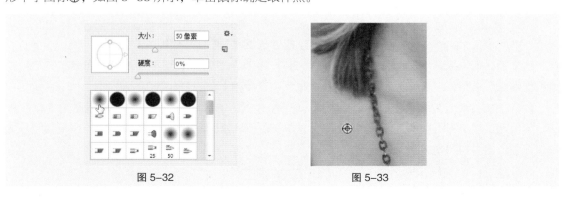

图 5-32　　　　　　　　　　　　　　　　图 5-33

（7）将光标放置在需要修复的项链上，如图5-34所示，单击鼠标去掉项链，效果如图5-35所示。用相同的方法继续修复颈部上的项链，效果如图5-36所示。

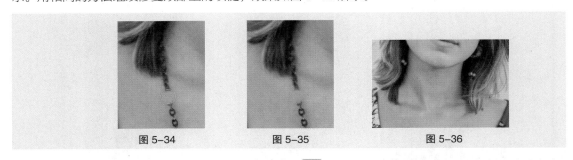

图 5-34　　　　图 5-35　　　　图 5-36

（8）将前景色设为黑色。选择"横排文字"工具 T ，在适当的位置输入需要的文字并选取文字，在属性栏中选择合适的字体并设置大小，效果如图5-37所示，在"图层"控制面板中生成新的文字图层。模特脸部修饰完成，效果如图5-38所示。

图 5-37　　　　　　　　图 5-38

5.2.2　修复画笔工具

修复画笔工具可以将取样点的像素信息非常自然地复制到图像的破损位置，并保持图像的亮度、饱和度、纹理等属性。

选择"修复画笔"工具 ，或反复按Shift+J组合键，其属性栏状态如图5-39所示。

图 5-39

：单击右侧的按钮 ，弹出画笔预设面板，如图5-40所示，可以设置画笔的直径、硬度、间距、角度、圆度和压力大小。模式：可以选择所复制像素或填充的图案与底图的混合模式。源：选择"取样"选项后，可以用选取的取样点修复图像；选择"图案"选项后，可以用选取的图案或自定义图案修复图像。对齐：勾选此复选框，下一次的复制位置会和上次的完全重合。

打开一幅图像。选择"修复画笔"工具 ，按住Alt键的同时，鼠标光标变为圆形十字图标 ，单击确定样本的取样点，如图5-41所示，单击鼠标修复图像，如图5-42所示。用相同的方法修复花朵，效果如图5-43所示。

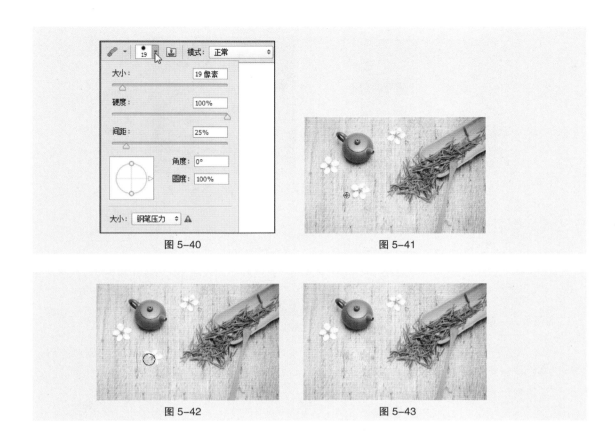

图 5-40 图 5-41

图 5-42 图 5-43

5.2.3 污点修复画笔工具

污点修复画笔工具不需要制定样本点，将自动从所修复区域的周围取样，并将样本像素的纹理、光照、透明度和阴影与所修复的像素相匹配。

选择"污点修复画笔"工具，或反复按 Shift+J 组合键，其属性栏状态如图 5-44 所示。

图 5-44

打开一幅图像，如图 5-45 所示。选择"污点修复画笔"工具，在属性栏中进行设置，如图 5-46 所示，在要修复的污点图像上拖曳鼠标，如图 5-47 所示，释放鼠标，修复图像，效果如图 5-48 所示。

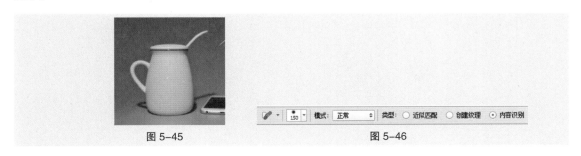

图 5-45 图 5-46

图 5-47　　　　　　　　　　　　　　图 5-48

5.2.4　修补工具

修补工具可以用图像的其他区域修补当前选中的修补区域，也可以使用图案来修补区域。

选择"修补"工具，或反复按 Shift+J 组合键，其属性栏状态如图 5-49 所示。

图 5-49

选择"修补"工具，在图像中绘制选区，如图 5-50 所示。在选区中单击并按住鼠标不放，将选区中的图像拖曳到需要的位置，如图 5-51 所示。释放鼠标，选区中的图像被新放置在选区位置的图像所修补，效果如图 5-52 所示。

图 5-50　　　　　　　　　　图 5-51　　　　　　　　　　图 5-52

按 Ctrl+D 组合键，取消选区，效果如图 5-53 所示。选择"修补"工具，在属性栏中选中"目标"选项，圈选图像中的区域，如图 5-54 所示，将其拖曳到要修补的图像区域，如图 5-55 所示，圈选区域中的图像修补了现在的图像，如图 5-56 所示。按 Ctrl+D 组合键，取消选区，效果如图 5-57所示。

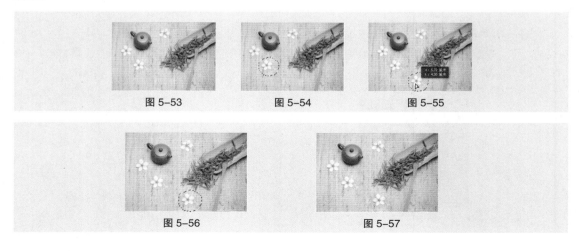

图 5-53　　　　　　　　　　图 5-54　　　　　　　　　　图 5-55

图 5-56　　　　　　　　　　　　　　　图 5-57

5.2.5　红眼工具

红眼工具可以去除用闪光灯拍摄的人物照片中的红眼，也可以去除拍摄照片中的白色或绿色反光。

选择"红眼"工具 ，或反复按 Shift+J 组合键，其属性栏状态如图 5-58 所示。

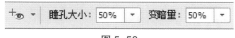

图 5-58

瞳孔大小：用于设置瞳孔的大小。变暗量：用于设置瞳孔的暗度。

5.2.6　仿制图章工具

仿制图章工具可以以指定的像素点为复制基准点，将周围的图像复制到其他地方。

选择"仿制图章"工具 ，或反复按 Shift+S 组合键，其属性栏状态如图 5-59 所示。

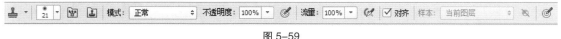

图 5-59

流量：用于设置扩散的速度。对齐：用于控制是否在复制时使用对齐功能。

打开一幅图像，如图 5-60 所示。选择"仿制图章"工具 ，按住 Alt 键的同时，鼠标光标变为圆形十字图标 ，将鼠标指针放在盆栽上单击确定取样点，释放鼠标，在适当的位置单击可以仿制出取样点的图像，效果如图 5-61 所示。

图 5-60　　　　　　　　　　　　　图 5-61

5.2.7　橡皮擦工具

橡皮擦工具可以用背景色擦除背景图像或用透明色擦除图层中的图像。

选择"橡皮擦"工具 ，或反复按 Shift+E 组合键，其属性栏状态如图 5-62 所示。

图 5-62

抹到历史记录：用于确定以"历史"控制面板中的图像状态来擦除图像。

选择"橡皮擦"工具 ，在图像中单击并按住鼠标拖曳，可以擦除图像。用背景色的白色擦除图像后效果如图 5-63 所示。用透明色擦除图像后效果如图 5-64 所示。

图 5-63 图 5-64

5.3 润饰工具

5.3.1 课堂案例——修饰美女照片

【案例学习目标】使用多种润饰工具调整人像颜色。

【案例知识要点】使用缩放工具调整图像大小，使用模糊工具、锐化工具、涂抹工具、减淡工具、加深工具和海绵工具修饰图像，效果如图 5-65 所示。

扫码观看
本案例视频

扫码观看
扩展案例

图 5-65

（1）按 Ctrl+O 组合键，打开素材 01 文件，如图 5-66 所示。按 Ctrl + J 组合键，复制"背景"图层。选择"缩放"工具 🔍，图像窗口中的鼠标指针变为放大 🔍 图标，单击鼠标放大图像，如图 5-67 所示。

图 5-66 图 5-67

（2）选择"模糊"工具 ◯，在属性栏中单击"画笔预设"选项右侧的按钮 ▾，在弹出的画笔预设面板中选择需要的画笔形状并设置其大小，如图 5-68 所示。在人物脸部涂抹，让脸部图像变得自然柔和，效果如图 5-69 所示。

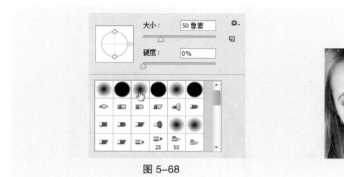

图 5-68　　　　　　　　　　　　　　　　　图 5-69

（3）选择"锐化"工具 △，在属性栏中单击"画笔预设"选项右侧的按钮 ，在弹出的画笔预设面板中选择需要的画笔形状并设置其大小，如图 5-70 所示。在人物图像中的头发拖曳鼠标，使秀发更清晰，效果如图 5-71 所示。用相同的方法对图像其他部分进行锐化，效果如图 5-72 所示。

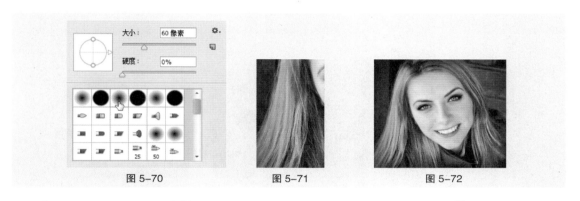

图 5-70　　　　　　　　图 5-71　　　　　　　　图 5-72

（4）选择"涂抹"工具 ，在属性栏中单击"画笔预设"选项右侧的按钮 ，在弹出的画笔预设面板中选择需要的画笔形状并设置其大小，如图 5-73 所示。在人物图像中的下颌拖曳鼠标，调整人物下颌形态，效果如图 5-74 所示。

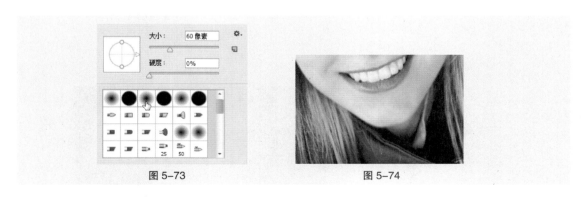

图 5-73　　　　　　　　　　　　　　　图 5-74

（5）选择"减淡"工具 ，在属性栏中单击"画笔预设"选项右侧的按钮 ，在弹出的画笔预设面板中选择需要的画笔形状并设置其大小，如图 5-75 所示，将"范围"选项设为阴影。在人物图像中的牙齿上拖曳鼠标，美白牙齿，效果如图 5-76 所示。用相同的方法减淡牙齿其他部分，效果如图 5-77 所示。

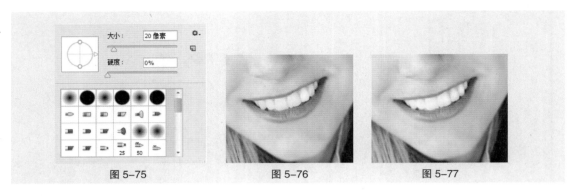

图 5-75　　　　　　图 5-76　　　　　　图 5-77

　　（6）选择"加深"工具 🔍，在属性栏中单击"画笔预设"选项右侧的按钮 ·，在弹出的画笔预设面板中选择需要的画笔形状并设置其大小，如图 5-78 所示，将"范围"选项设为阴影，"曝光度"选项设置为 30%。在人物图像中唇部拖曳鼠标加深唇色，效果如图 5-79 所示。用相同的方法加深眼睛部分，效果如图 5-80 所示。

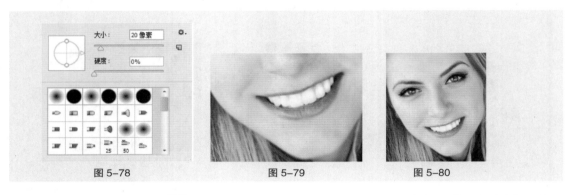

图 5-78　　　　　　图 5-79　　　　　　图 5-80

　　（7）选择"海绵"工具 🧽，在属性栏中单击"画笔预设"选项右侧的按钮 ·，在弹出的画笔预设面板中选择需要的画笔形状并设置其大小，如图 5-81 所示，将"模式"选项设为加色。在人物图像中的头发上拖曳鼠标，为秀发加色，效果如图 5-82 所示。用相同的方法为图像中其他部分加色，效果如图 5-83 所示。

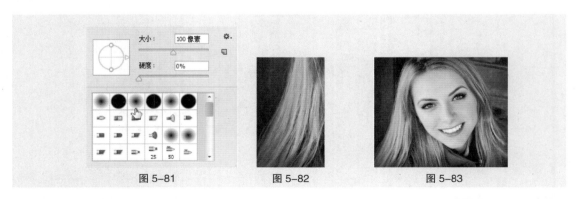

图 5-81　　　　　　图 5-82　　　　　　图 5-83

　　（8）在属性栏中单击"画笔预设"选项右侧的按钮 ·，在弹出的画笔预设面板中选择需要的画笔形状并设置其大小，如图 5-84 所示，将"模式"选项设为去色。在人物图像中的背景上拖曳鼠标，为背景去色，效果如图 5-85 所示。

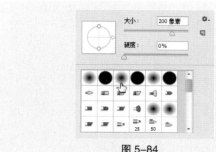

图 5-84

图 5-85

（9）将前景色设为红色（238、60、40）。选择"横排文字"工具 T，在适当的位置输入需要的文字并选取文字，在属性栏中选择合适的字体并设置大小，效果如图 5-86 所示，在"图层"控制面板中生成新的文字图层。美女照片修饰完成，效果如图 5-87 所示。

图 5-86

图 5-87

5.3.2 模糊工具

模糊工具可以使图像的色彩变模糊。

选择"模糊"工具 ◊，其属性栏状态如图 5-88 所示。

图 5-88

强度：用于设置压力的大小。对所有图层取样：用于设置工具是否对所有可见层起作用。

选择"模糊"工具 ◊，在属性栏中进行设置，如图 5-89 所示，在图像中单击并按住鼠标不放，拖曳鼠标使图像产生模糊的效果。原图像和模糊后的图像效果如图 5-90 和图 5-91 所示。

图 5-89

图 5-90

图 5-91

5.3.3 锐化工具

锐化工具可以使图像的色彩感变强烈。

选择"锐化"工具 △ ，其属性栏状态如图 5-92 所示。其属性栏中的内容与模糊工具属性栏的选项内容类似。

图 5-92

选择"锐化"工具 △ ，在属性栏中进行设置，如图 5-93 所示，在图像中单击并按住鼠标不放，拖曳鼠标使图像产生锐化效果。原图像和锐化后的图像效果如图 5-94 和图 5-95 所示。

图 5-93

图 5-94　　　　　　　　　　　　图 5-95

5.3.4 涂抹工具

选择"涂抹"工具 ✋ ，其属性栏状态如图 5-96 所示。其属性栏中的内容与模糊工具属性栏的选项内容类似，增加的"手指绘画"复选框，用于设定是否按前景色进行涂抹。

图 5-96

选择"涂抹"工具 ✋ ，在属性栏中进行设置，如图 5-97 所示，在图像中单击并按住鼠标不放，拖曳鼠标使图像产生涂抹效果。原图像和涂抹后的图像效果如图 5-98 和图 5-99 所示。

图 5-97

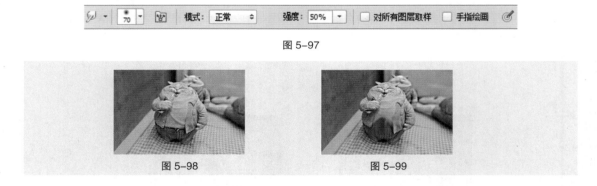

图 5-98　　　　　　　　　　　　图 5-99

5.3.5 减淡工具

减淡工具可以使图像的亮度提高。

选择"减淡"工具 🔍 ，或反复按 Shift+O 组合键，其属性栏状态如图 5-100 所示。

图 5-100

范围：用于设定图像中所要提高亮度的区域。曝光度：用于设定曝光的强度。

选择"减淡"工具 ，在属性栏中进行设置，如图 5-101 所示，在图像中单击并按住鼠标不放，拖曳鼠标使图像产生减淡效果。原图像和减淡后的图像效果如图 5-102 和图 5-103 所示。

图 5-101

图 5-102   图 5-103

5.3.6　加深工具

加深工具可以使图像的区域变暗。

选择"加深"工具 ，或反复按 Shift+O 组合键，其属性栏状态如图 5-104 所示。其属性栏中的内容与减淡工具属性栏选项内容的作用正好相反。

图 5-104

选择"加深"工具 ，在属性栏中进行设置，如图 5-105 所示，在图像中单击并按住鼠标不放，拖曳鼠标使图像产生加深效果。原图像和加深后的图像效果如图 5-106 和图 5-107 所示。

图 5-105

图 5-106   图 5-107

5.3.7　海绵工具

选择"海绵"工具 ，或反复按 Shift+O 组合键，其属性栏状态如图 5-108 所示。

图 5-108

画笔：用于选择画笔的形状。模式：用于设定饱和度处理方式。流量：用于设定扩散的速度。

选择"海绵"工具 ，在属性栏中进行设置，如图 5-109 所示，在图像中单击并按住鼠标不放，拖曳鼠标使图像增加色彩饱和度。原图像和使用海绵工具后的图像效果如图 5-110 和图 5-111 所示。

图 5-109

图 5-110

图 5-111

5.4 课堂练习——制作装饰画

【练习知识要点】使用加深工具、锐化工具、减淡工具和图层混合模式调整图像，效果如图 5-112 所示。

扫码观看
本案例视频

图 5-112

5.5 课后习题——绘制沙滩插画

【习题知识要点】使用加深工具和模糊工具调整图像，使用橡皮擦工具擦除不需要的图像，效果如图 5-113 所示。

扫码观看
本案例视频

图 5-113

06

第 6 章

调色

▶ **本章介绍**

　　图像的色调直接关系着图像表达的内容，不同的颜色倾向具有不同的表达效果。本章将主要介绍常用的调整图像色彩与色调的命令和面板。通过本章的学习，读者可以了解和掌握调整图像颜色的基本方法与操作技巧，制作出绚丽多彩的图像。

学习目标

● 熟练掌握调整图像色彩与色调的方法

● 掌握特殊的颜色处理技巧

● 了解动作面板调色的方法

技能目标

● 掌握"夏日风格照片"的制作方法

● 掌握"主题海报"的制作方法

● 掌握"唯美风景画"的制作方法

● 掌握"冰蓝色调照片"的制作方法

● 掌握"暖色调照片"的制作方法

● 掌握"超现实照片"的制作方法

● 掌握"水墨画"的制作方法

● 掌握"时尚版画"的制作方法

● 掌握"粉色甜美色调照片"的制作方法

慕课视频

调色

6.1 调整图像色彩与色调

6.1.1 课堂案例——制作夏日风格照片

【案例学习目标】学习使用调整命令调整图像效果。

【案例知识要点】使用曲线命令、色彩平衡命令和可选颜色命令调整图像色调，使用横排文字工具添加文字，效果如图 6-1 所示。

图 6-1

（1）按 Ctrl + O 组合键，打开素材 01 文件，如图 6-2 所示。将"背景"图层拖曳到"图层"控制面板下方的"创建新图层"按钮 █ 上进行复制，生成新的图层"背景 拷贝"，如图 6-3 所示。

图 6-2   图 6-3

（2）选择"图像 > 调整 > 曲线"命令，弹出"曲线"对话框，在曲线上单击鼠标添加控制点，将"输入"选项设为 70，"输出"选项设为 41，如图 6-4 所示。单击"通道"选项右侧的按钮 █，在弹出的列表中选择"绿"通道，切换到相应的面板，在曲线上单击鼠标添加控制点，将"输入"选项设为 208，"输出"选项设为 203，如图 6-5 所示。用相同的方法再次添加一个控制点，将"输入"选项设为 70，"输出"选项设为 78，如图 6-6 所示。单击"确定"按钮，效果如图 6-7 所示。

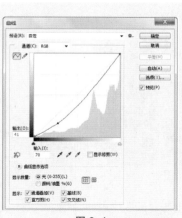

图 6-4

图 6-5

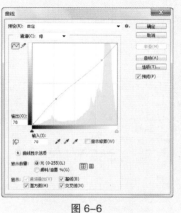

图 6-6

图 6-7

（3）选择"图像 > 调整 > 可选颜色"命令，在弹出的对话框中进行设置，如图 6-8 所示。单击"颜色"选项右侧的按钮▼，在弹出的菜单中选择"黄色"选项，切换到相应的对话框，设置如图 6-9 所示。选择"绿色"选项，切换到相应的对话框，设置如图 6-10 所示。单击"确定"按钮，效果如图 6-11 所示。

图 6-8

图 6-9

图 6-10   图 6-11

（4）选择"图像 > 调整 > 色彩平衡"命令，在弹出的对话框中进行设置，如图 6-12 所示。选中"阴影"单选项，切换到相应的对话框，设置如图 6-13 所示。选中"高光"单选项，切换到相应的对话框，设置如图 6-14 所示，单击"确定"按钮，效果如图 6-15 所示。

（5）将前景色设为黑色。选择"横排文字"工具 T ，在适当的位置输入需要的文字并选取文字，在属性栏中选择合适的字体并设置大小，效果如图 6-16 所示，在"图层"控制面板中生成新的文字图层。夏日风格照片制作完成，效果如图 6-17 所示。

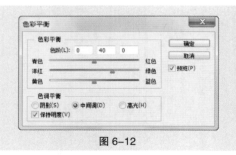

图 6-12

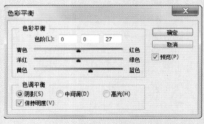

图 6-13

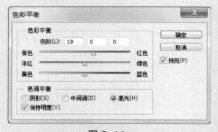

图 6-14

图 6-15

图 6-16

图 6-17

6.1.2　曲线

曲线命令可以通过调整图像色彩曲线上的任意一个像素点来改变图像的色彩范围。

打开一幅图像。选择"图像 > 调整 > 曲线"命令，或按 Ctrl+M 组合键，弹出对话框，如图 6-18 所示。在图像中单击，如图 6-19 所示，对话框的图表上会出现一个圆圈，X 轴为色彩的输入值，Y 轴为色彩的输出值，表示在图像中单击处的像素数值，如图 6-20 所示。

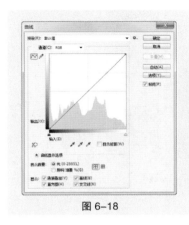  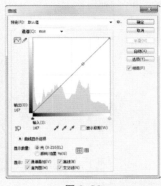

图 6-18　　　　　　　　　图 6-19　　　　　　　　　图 6-20

"通道"选项：可以选择图像的颜色调整通道。　：可以改变曲线的形状，添加或删除控制点。输入 / 输出：显示图表中光标所在位置的亮度值。　自动(A)　：可以自动调整图像的亮度。

下面为调整曲线后的图像效果，如图 6-21 所示。

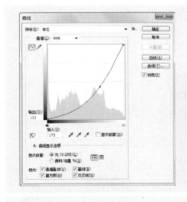  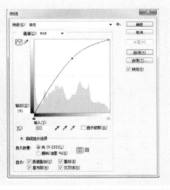

 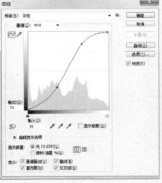 

图 6-21

6.1.3 可选颜色

可选颜色命令能够将图像中的颜色替换成选择后的颜色。

打开一幅图像，如图 6-22 所示。选择"图像 > 调整 > 可选颜色"命令，在弹出的对话框中进行设置，如图 6-23 所示。单击"确定"按钮，效果如图 6-24 所示。

图 6-22　　　　　　　　　　　图 6-23　　　　　　　　　　　图 6-24

颜色：可以选择图像中含有的不同色彩，通过拖曳滑块调整青色、洋红、黄色、黑色的百分比。
方法：确定调整方法是"相对"或"绝对"。

6.1.4 色彩平衡

选择"图像 > 调整 > 色彩平衡"命令，或按 Ctrl+B 组合键，弹出对话框，如图 6-25 所示。

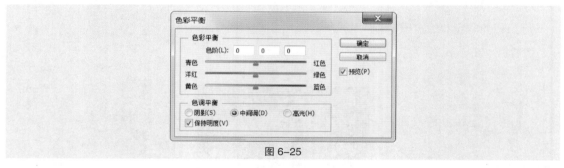

图 6-25

色彩平衡：用于添加过渡色来平衡色彩效果，通过拖曳滑块或在"色阶"选项的数值框中直接输入数值调整图像色彩。色调平衡：用于选取图像的阴影、中间调和高光。保持明度：用于保持原图像的明度。

设置不同的色彩平衡后，效果如图 6-26 所示。

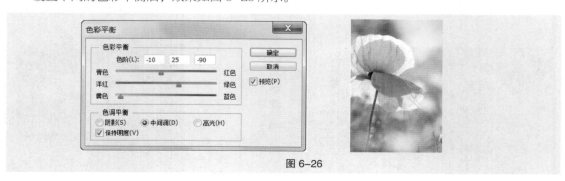

图 6-26

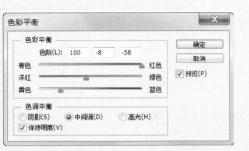

图 6-26（续）

6.1.5 课堂案例——制作主题海报

【案例学习目标】学习使用渐变映射命令制作主题海报。

【案例知识要点】使用渐变工具填充背景，使用钢笔工具绘制多边形，使用移动工具移动图像，使用渐变映射命令调整人物图像，效果如图 6-27 所示。

图 6-27

扫码观看本案例视频　　扫码观看扩展案例

（1）按 Ctrl+N 组合键，新建一个文件，宽度为 15cm，高度为 10cm，分辨率为 150 像素 / 英寸，背景内容为白色。

（2）选择"渐变"工具，单击属性栏中的"点按可编辑渐变"按钮，弹出"渐变编辑器"对话框，将渐变颜色设为从黄色（253、244、197）到浅紫色（235、215、255），如图 6-28 所示，单击"确定"按钮。在图像窗口中由左至右拖曳渐变色，效果如图 6-29 所示。

图 6-28

图 6-29

（3）选择"钢笔"工具 ，在属性栏的"选择工具模式"选项中选择"形状"，将"填充"颜色设为玫红色（255、0、162），在图像窗口中拖曳鼠标绘制形状，效果如图 6-30 所示，在"图层"控制面板中生成新的形状图层。

（4）在"图层"控制面板上方，将"形状 1"图层的混合模式选项设为"深色"，"不透明度"选项设为 5%，如图 6-31 所示，按 Enter 键确定操作，效果如图 6-32 所示。

图 6-30　　　　　　图 6-31　　　　　　图 6-32

（5）选择"文件 > 置入"命令，弹出"置入"对话框，选择素材 01 文件，单击"置入"按钮，将图片置入图像窗口中，并拖曳到适当的位置，按 Enter 键确定操作，效果如图 6-33 所示，在"图层"控制面板中生成新的图层并将其命名为"人物 1"。在图层上单击鼠标右键，在弹出的菜单中选择"栅格化图层"命令，进行栅格化图层处理，如图 6-34 所示。

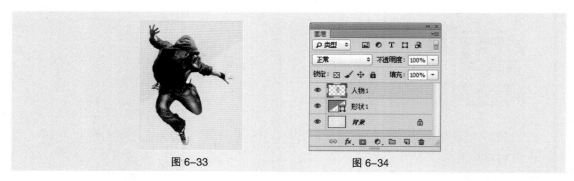

图 6-33　　　　　　图 6-34

（6）在"图层"控制面板上方，将"人物 1"图层的混合模式选项设为"正片叠底"，"不透明度"选项设为 60%，如图 6-35 所示，按 Enter 键确定操作，效果如图 6-36 所示。

图 6-35　　　　　　图 6-36

（7）选择"图像 > 调整 > 黑白"命令，在弹出的对话框中进行设置，如图 6-37 所示。单击"确定"按钮，效果如图 6-38 所示。

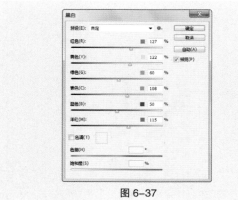

图 6-37　　　　　　　　　　　　　　　图 6-38

（8）选择"图像 > 调整 > 渐变映射"命令，弹出对话框，单击"点按可编辑渐变"按钮，弹出"渐变编辑器"对话框，将渐变色设为从绿色（0、233、164）到白色，如图 6-39 所示，单击"确定"按钮。返回到"渐变映射"对话框，单击"确定"按钮，效果如图 6-40 所示。

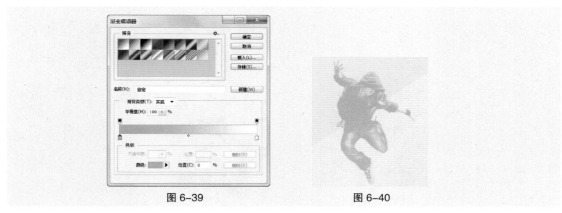

图 6-39　　　　　　　　　　　　　　　图 6-40

（9）选择"文件 > 置入"命令，弹出"置入"对话框，选择素材 02 文件，单击"置入"按钮，将图片置入图像窗口中，并拖曳到适当的位置，按 Enter 键确定操作，效果如图 6-41 所示，在"图层"控制面板中生成新的图层并将其命名为"人物 2"。在图层上单击鼠标右键，在弹出的菜单中选择"栅格化图层"命令，进行栅格化图像处理，如图 6-42 所示。

图 6-41　　　　　　　　　　　　　　　图 6-42

（10）在"图层"控制面板上方，将"人物 2"图层的混合模式选项设为"正片叠底"，"不透明度"选项设为 90%，如图 6-43 所示，按 Enter 键确定操作，效果如图 6-44 所示。

图 6-43

图 6-44

（11）选择"图像 > 调整 > 黑白"命令，在弹出的对话框中进行设置，如图 6-45 所示。单击"确定"按钮，效果如图 6-46 所示。

（12）选择"图像 > 调整 > 渐变映射"命令，弹出对话框，单击"点按可编辑渐变"按钮，弹出"渐变编辑器"对话框，将渐变色设为从橘红色（255、83、16）到白色，如图 6-47 所示，单击"确定"按钮。返回到"渐变映射"对话框，单击"确定"按钮，效果如图 6-48 所示。

图 6-45

图 6-46

图 6-47

图 6-48

（13）将前景色设为红色（224、54、0）。选择"横排文字"工具 T，在适当的位置输入需要的文字并选取文字，在属性栏中选择合适的字体并设置大小，效果如图 6-49 所示，在"图层"控制面板中生成新的文字图层。用相同的方法输入其他文字，效果如图 6-50 所示。主题海报制作完成，效果如图 6-51 所示。

图 6-49　　　　　　　　　图 6-50　　　　　　　　　　　　图 6-51

6.1.6　黑白

"黑白"命令可以将彩色图像转换为灰阶图像，也可以为灰阶图像添加单色。

6.1.7　渐变映射

渐变映射命令用于将图像的最暗和最亮色调映射为一组渐变色中的最暗和最亮色调。

打开一幅图像，如图 6-52 所示。选择"图像 > 调整 > 渐变映射"命令，弹出对话框，如图 6-53 所示。单击"点按可编辑渐变"按钮 ，在弹出的"渐变编辑器"对话框中设置渐变色，如图 6-54 所示。单击"确定"按钮，效果如图 6-55 所示。

图 6-52　　　　　　　　　　　　　　　图 6-53

图 6-54　　　　　　　　　　　图 6-55

灰度映射所用的渐变：用于选择不同的渐变形式。仿色：用于为转变色调后的图像增加仿色。反向：用于将转变色调后的图像颜色反转。

6.1.8 课堂案例——制作唯美风景画

【案例学习目标】学习使用调色命令调整风景画的颜色。

【案例知识要点】使用通道混和器命令和黑白命令调整图像，效果如图 6-56 所示。

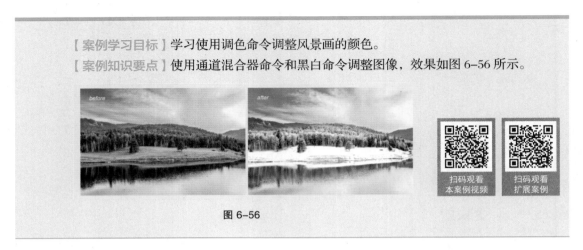

图 6-56

（1）按 Ctrl + O 组合键，打开素材 01 文件，如图 6-57 所示。将"背景"图层拖曳到"图层"控制面板下方的"创建新图层"按钮 上进行复制，生成新的图层"背景 拷贝"，如图 6-58 所示。

（2）选择"图像 > 调整 > 通道混和器"命令，在弹出的对话框中进行设置，如图 6-59 所示。单击"确定"按钮，效果如图 6-60 所示。

图 6-57　　　　　　　　　　　图 6-58

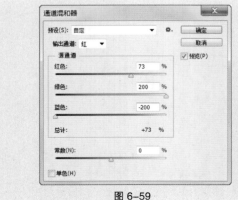

图 6-59　　　　　　　　　　　图 6-60

（3）按 Ctrl+J 组合键，复制"背景 拷贝"图层，生成新的图层并将其命名为"黑白"。选择"图像 > 调整 > 黑白"命令，在弹出的对话框中进行设置，如图 6-61 所示，单击"确定"按钮，效果如图 6-62 所示。

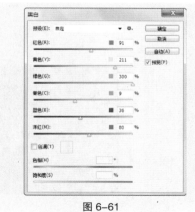

图 6-61

图 6-62

（4）在"图层"控制面板上方，将"黑白"图层的混合模式选项设为"滤色"，如图 6-63 所示，效果如图 6-64 所示。

图 6-63

图 6-64

（5）按住 Ctrl 键的同时，选择"黑白"图层和"背景 拷贝"图层。按 Ctrl+E 组合键，合并图层并将其命名为"效果"。选择"图像 > 调整 > 色相 / 饱和度"命令，在弹出的对话框中进行设置，如图 6-65 所示，单击"确定"按钮，效果如图 6-66 所示。唯美风景画制作完成。

图 6-65

图 6-66

6.1.9 通道混合器

打开一幅图像，如图 6-67 所示。选择"图像 > 调整 > 通道混合器"命令，在弹出的对话框中进行设置，如图 6-68 所示，单击"确定"按钮，效果如图 6-69 所示。

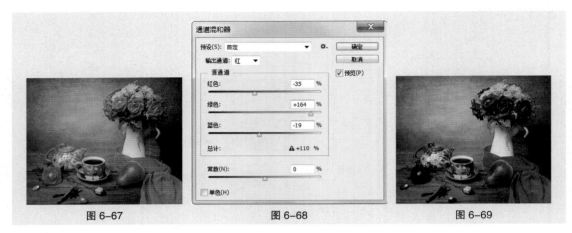

图 6-67   图 6-68   图 6-69

输出通道：可以选取要修改的通道。源通道：通过拖曳滑块或输入数值来调整图像。常数：可以通过拖曳滑块或输入数值来调整图像。单色：可以创建灰度模式的图像。

6.1.10 色相 / 饱和度

打开一幅图像，如图 6-70 所示。选择"图像 > 调整 > 色相 / 饱和度"命令，或按 Ctrl+U 组合键，在弹出的对话框中进行设置，如图 6-71 所示。单击"确定"按钮，效果如图 6-72 所示。

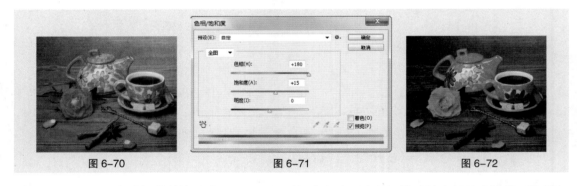

图 6-70   图 6-71   图 6-72

预设：用于选择要调整的色彩范围，可以通过拖曳各选项中的滑块或输入数值来调整图像的色相、饱和度和明度。着色：用于在由灰度模式转化而来的色彩模式图像中添加需要的颜色。

打开一幅图像，如图 6-73 所示，在"色相 / 饱和度"对话框中进行设置，勾选"着色"复选框，如图 6-74 所示，单击"确定"按钮，效果如图 6-75 所示。

图 6-73   图 6-74   图 6-75

6.1.11 课堂案例——制作冰蓝色调照片

图 6-76

（1）按 Ctrl + O 组合键，打开素材 01 文件，如图 6-77 所示。将"背景"图层拖曳到控制面板下方的"创建新图层"按钮 上进行复制，生成新的图层"背景 拷贝"，如图 6-78 所示。

图 6-77

图 6-78

（2）选择"图像 > 调整 > 照片滤镜"命令，弹出对话框，选中"颜色"单选项，将颜色选项设置为蓝色（0、90、255），其他选项的设置如图 6-79 所示，单击"确定"按钮，效果如图 6-80 所示。

图 6-79

图 6-80

（3）按 Ctrl+L 组合键，弹出"色阶"对话框，选项的设置如图 6-81 所示。单击"通道"选项右侧的按钮，在弹出的菜单中选择"红"选项，切换到相应的对话框，设置如图 6-82 所示。选择"蓝"选项，切换到相应的对话框，设置如图 6-83 所示。单击"确定"按钮，效果如图 6-84 所示。

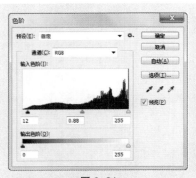

图 6-81

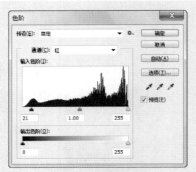

图 6-82

图 6-83

图 6-84

（4）选择"图像 > 调整 > 亮度 / 对比度"命令，在弹出的对话框中进行设置，如图 6-85 所示，单击"确定"按钮，效果如图 6-86 所示。

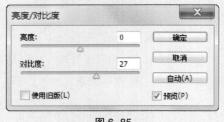

图 6-85

图 6-86

（5）将前景色设为紫色（37、14、19）。选择"横排文字"工具 T，在适当的位置输入需要的文字并选取文字，在属性栏中选择合适的字体并设置大小，效果如图 6-87 所示，在"图层"控制面板中生成新的文字图层。冰蓝色调照片制作完成，如图 6-88 所示。

图 6-87

图 6-88

6.1.12　照片滤镜

照片滤镜命令用于模仿传统相机的滤镜效果处理图像，通过调整图片颜色可以获得各种丰富的效果。

打开一幅图像。选择"图像 > 调整 > 照片滤镜"命令，弹出对话框，如图 6-89 所示。

滤镜：用于选择颜色调整的过滤模式。颜色：单击此选项右侧的图标，弹出"选择滤镜颜色"对话框，可以在对话框中设置精确颜色对图像进行过滤。浓度：可以通过拖动滑块或在右侧的文本框中输入数值设置过滤颜色的百分比。保留明度：勾选此复选框，图片的白色部分颜色保持不变；取消勾选此复选框，则图片的全部颜色都随之改变，效果如图 6-90 所示。

图 6-89

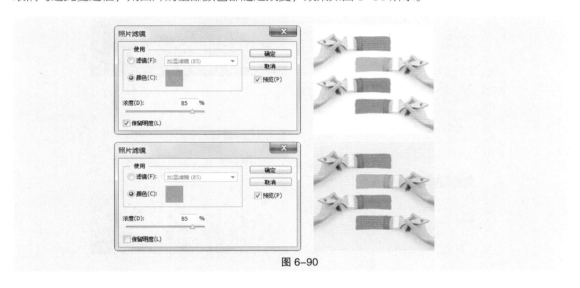

图 6-90

6.1.13　色阶

打开一幅图像，如图 6-91 所示。选择"图像 > 调整 > 色阶"命令，或按 Ctrl+L 组合键，弹出对话框，如图 6-92 所示。对话框中间是一个直方图，其横坐标为 0~255，表示亮度值，纵坐标为图像的像素数值。

6-91　　　　　　　　　　　图 5-92

通道：可以选择不同的颜色通道来调整图像。

输入色阶：可以通过输入数值或拖曳滑块来调整图像，左侧的数值框和黑色滑块用于调整黑色，图像中低于该亮度值的所有像素将变为黑色；中间的数值框和灰色滑块用于调整灰度，其数值范围为 0.01~9.99；右侧的数值框和白色滑块用于调整白色，图像中高于该亮度值的所有像素将变为白色。调整"输入色阶"选项的 3 个滑块后，图像将产生不同色彩效果，如图 6-93 所示。

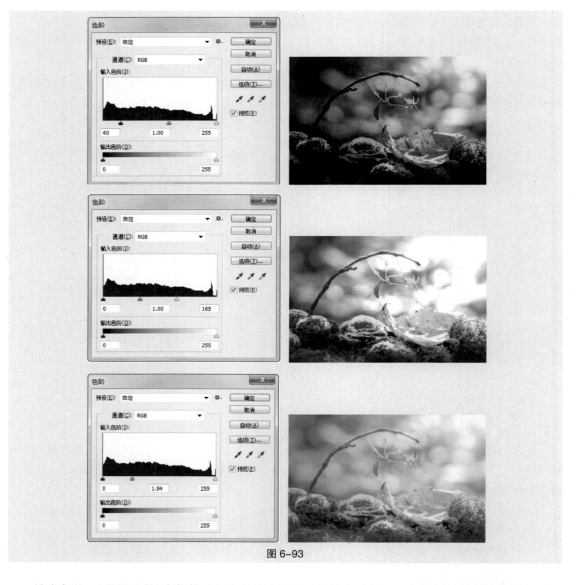

图 6-93

输出色阶：可以通过输入数值或拖曳滑块来控制图像的亮度范围，左侧的数值框和黑色滑块用于调整图像中最暗像素的亮度；右侧数值框和白色滑块用于调整图像中最亮像素的亮度。调整"输出色阶"选项的 2 个滑块后，图像将产生不同色彩效果，如图 6-94 所示。

自动(A)：可以自动调整图像并设置层次。 选项(T)…：系统将以 0.10% 色阶来对图像进行加亮和变暗。 取消：按住 Alt 键，转换为 复位 按钮，可以将刚调整过的色阶复位还原，重新进行设置。🖋🖋🖋：分别为黑色吸管工具、灰色吸管工具和白色吸管工具。选中黑色吸管工具，用鼠标在图像中单击一点，图像中暗于单击点的所有像素都会变为黑色；用灰色吸管工具在图像中单击，单击点的像素都会变为灰色，图像中的其他颜色也会有相应调整；用白色吸管工具在图像中单击一点，图像中亮于单击点的所有像素都会变为白色。双击任意吸管工具，在弹出的颜色选择对话框中设置吸管颜色。

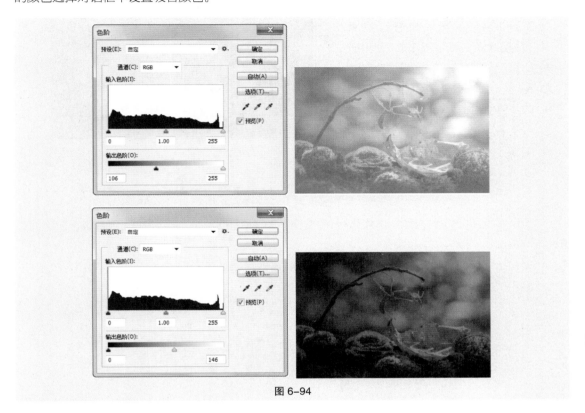

图 6-94

6.1.14　亮度 / 对比度

亮度 / 对比度命令可以调整整个图像的亮度和对比度。

打开一幅图像，如图 6-95 所示。选择"图像 > 调整 > 亮度 / 对比度"命令，在弹出的对话框中进行设置，如图 6-96 所示，单击"确定"按钮，效果如图 6-97 所示。

图 6-95　　　　　　　　　　图 6-96　　　　　　　　　　图 6-97

6.1.15 课堂案例——制作暖色调照片

【案例学习目标】学习使用调色命令调整食物图像。

【案例知识要点】使用照片滤镜命令和阴影/高光命令调整美食照片，使用魔棒工具选取图像，使用横排文字工具添加文字，效果如图6-98所示。

扫码观看　扫码观看
本案例视频　扩展案例

图 6-98

（1）按 Ctrl + O 组合键，打开素材 01 文件，如图 6-99 所示。按 Ctrl+J 组合键，复制图层并生成新的图层"图层 1"，如图 6-100 所示。

图 6-99　　　　　　　　　　图 6-100

（2）选择"裁剪"工具，按住 Alt 键的同时，在图像窗口中适当的位置拖曳一个裁切区域，如图 6-101 所示，按 Enter 键确定操作，效果如图 6-102 所示。

图 6-101　　　　　　　　　　图 6-102

（3）选择"图像 > 调整 > 照片滤镜"命令，在弹出的对话框中进行设置，如图 6-103 所示，单击"确定"按钮，效果如图 6-104 所示。

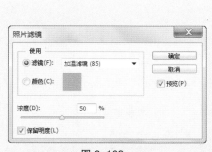

图 6-103　　　　　　　　　　　　　图 6-104

（4）选择"图像 > 调整 > 阴影 / 高光"命令，在弹出的对话框中进行设置，勾选"显示更多选项"复选框，如图 6-105 所示，单击"确定"按钮，图像效果如图 6-106 所示。

（5）将前景色设为白色。选择"横排文字"工具 T ，在适当的位置输入需要的文字并选取文字，在属性栏中选择合适的字体并设置大小，效果如图 6-107 所示，在"图层"控制面板中生成新的文字图层。暖色调照片制作完成，效果如图 6-108 所示。

图 6-105　　　　　　图 6-106　　　　　　图 6-107　　　　　　图 6-108

6.1.16　阴影与高光

阴影 / 高光命令用于快速改善图像中曝光过度或曝光不足区域的对比度，同时保持整体的平衡。

打开一幅图像，如图 6-109 所示。选择"图像 > 调整 > 阴影 / 高光"命令，在弹出的对话框中进行设置，如图 6-110 所示。单击"确定"按钮，效果如图 6-111 所示。

图 6-109　　　　　　　　　　图 6-110　　　　　　　　　　图 6-111

6.1.17　课堂案例——制作超现实照片

【案例学习目标】学习使用 HDR 色调命令制作超现实图像。

【案例知识要点】使用 HDR 色调命令调整图像，效果如图 6-112 所示。

图 6-112

（1）按 Ctrl + O 组合键，打开素材 01 文件，如图 6-113 所示。

（2）选择"图像 > 调整 > HDR 色调"命令，在弹出的对话框中进行设置，如图 6-114 所示，单击"色调曲线和直方图"左侧的按钮，在弹出的对话框中进行设置，如图 6-115 所示，单击"确定"按钮，效果如图 6-116 所示。超现实照片制作完成。

图 6-113　　　　　　　　　　　　　　　图 6-114

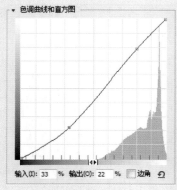

图 6-115　　　　　　　　　　　　　　　图 6-116

6.1.18　HDR 色调

打开一幅图像，如图 6-117 所示。选择"图像 > 调整 > HDR 色调"命令，弹出"HDR 色调"对话框，可以改变图像"HDR"的对比度和曝光度，如图 6-118 所示。

图 6-117

图 6-118

边缘光：用于把控调整的范围和强度。色调和细节：用于调节图像曝光度，及其在阴影、高光中细节的呈现。高级：用于调节图像色彩饱和度。色调曲线和直方图：显示照片直方图，并提供用于调整图像色调的曲线。

6.2　特殊颜色处理

6.2.1　课堂案例——制作水墨画

【案例学习目标】学习使用去色命令制作水墨画。

【案例知识要点】使用去色命令和色阶命令改变图像效果，使用模糊滤镜调整图像，使用置入命令置入图片，效果如图 6-119 所示。

图 6-119

（1）按 Ctrl + O 组合键，打开素材 01 文件，如图 6-120 所示。将"背景"图层拖曳到控制面板下方的"创建新图层"按钮 🗔 上进行复制，生成新的图层"背景 拷贝"，如图 6-121 所示。选择"图像 > 调整 > 去色"命令，去除图像颜色，效果如图 6-122 所示。

图 6-120　　　　　　　　图 6-121　　　　　　　　图 6-122

（2）选择"滤镜 > 模糊 > 表面模糊"命令，在弹出的对话框中进行设置，如图 6-123 所示，单击"确定"按钮，效果如图 6-124 所示。

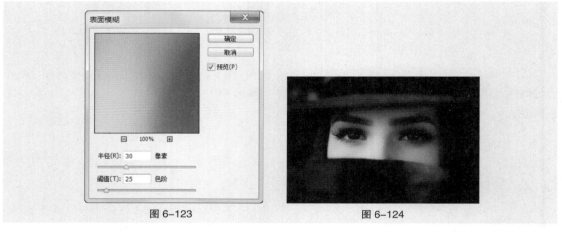

图 6-123　　　　　　　　　　　　图 6-124

（3）按 Ctrl+L 组合键，弹出"色阶"对话框，选项的设置如图 6-125 所示。单击"确定"按钮，效果如图 6-126 所示。

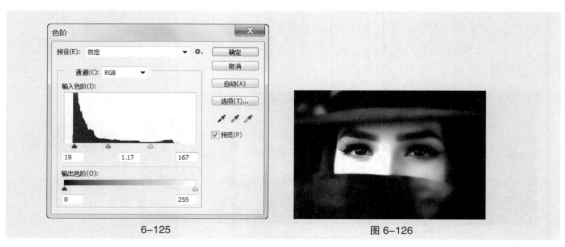

6-125　　　　　　　　　　　　图 6-126

（4）将前景色设为白色。选择"横排文字"工具 T ，在适当的位置输入需要的文字并选取文字，在属性栏中选择合适的字体并设置大小，效果如图 6-127 所示，在"图层"控制面板中生成新的文字图层。

（5）选择"文件 > 置入"命令，弹出"置入"对话框，选择素材 02 文件，单击"置入"按钮，将图片置入到图像窗口中，并拖曳到适当的位置，按 Enter 键确定操作，效果如图 6-128 所示，在"图层"控制面板中生成新的图层并将其命名为"羽毛"。水墨画制作完成，效果如图 6-129 所示。

| 图 6-127 | 图 6-128 | 图 6-129 |

6.2.2 去色

选择"图像 > 调整 > 去色"命令，或按 Shift+Ctrl+U 组合键，可以去掉图像中的色彩，使图像变为灰度图，但图像的色彩模式并不改变。"去色"命令可以对图像的选区使用，对选区中的图像进行去掉图像色彩的处理。

6.2.3 课堂案例——制作时尚版画

【案例学习目标】学习使用阈值调整命令调整人物画。

【案例知识要点】使用阈值调整图像效果，使用横排文字工具输入文字，效果如图 6-130 所示。

图 6-130

（1）按 Ctrl + O 组合键，打开素材 01 文件，如图 6-131 所示。将"背景"图层拖曳到"图层"控制面板下方的"创建新图层"按钮 上进行复制，生成新的图层并将其命名为"人物"，如图 6-132 所示。

图 6-131   图 6-132

（2）选择"图像 > 调整 > 阈值"命令，在弹出的对话框中进行设置，如图 6-133 所示，单击"确定"按钮，效果如图 6-134 所示。

图 6-133   图 6-134

图 6-135

图 6-136

（3）将前景色设为白色。新建图层并将其命名为"白色底图"。按 Alt+Delete 组合键，用前景色填充图层，如图 6-135 所示。选择"椭圆"工具 ⬤，在属性栏中将"填充"颜色设为黑色，按住 Shift 键的同时，在图像窗口中拖曳鼠标绘制圆形，效果如图 6-136 所示。在"图层"控制面板中生成新的形状图层。

（4）在"图层"控制面板中，将"人物"图层拖曳到"椭圆 1"图层的上方，如图 6-137 所示，效果如图 6-138 所示。按住 Alt 键的同时，将鼠标光标放在"人物"图层与"椭圆 1"图层的中间，单击鼠标，创建剪贴蒙版，效果如图 6-139 所示。

图 6-137   图 6-138   图 6-139

（5）选择"文件 > 置入"命令，弹出"置入"对话框，选择素材 02 文件，单击"置入"按钮，将图片置入到图像窗口中，并拖曳到适当的位置，按 Enter 键确定操作，效果如图 6-140 所示，在"图层"控制面板中生成新的图层并将其命名为"文字"。时尚版画制作完成，效果如图 6-141 所示。

图 6-140   图 6-141

6.2.4 阈值

阈值命令可以提高图像色调的反差度。

打开一幅图像，如图 6-142 所示。选择"图像 > 调整 > 阈值"命令，在弹出的对话框中进行设置，如图 6-143 所示，单击"确定"按钮，效果如图 6-144 所示。

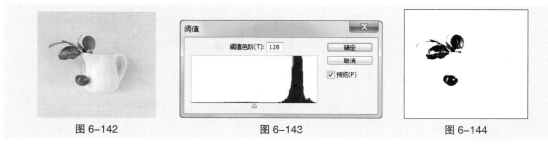

图 6-142   图 6-143   图 6-144

阈值色阶：可以改变图像的阈值，系统将使大于阈值的像素变为白色，小于阈值的像素变为黑色，使图像具有高度反差。

6.3 │ 动作控制面板调色

6.3.1 课堂案例——制作粉色甜美色调照片

【案例学习目标】学习使用动作控制面板调整图像颜色。
【案例知识要点】使用预定动作制作甜美照片，效果如图 6-145 所示。

扫码观看
本案例视频

扫码观看
扩展案例

图 6-145

（1）按 Ctrl + O 组合键，打开素材 01 文件，如图 6-146 所示。选择"窗口 > 动作"命令，弹出"动作"控制面板，如图 6-147 所示。单击控制面板右上方的图标▼≡，在弹出的菜单中选择"载入动作"命令，在弹出的对话框中选择素材 02 文件，单击"确定"按钮，载入动作命令，如图 6-148 所示。

图 6-146　　　　　　　　図 6-147　　　　　　　　图 6-148

（2）单击"13 ACTION"选项左侧的按钮▶，查看动作应用的步骤，如图 6-149 所示。单击"动作"控制面板下方的"播放选定的动作"按钮 ▶，效果如图 6-150 所示。粉色甜美色调照片制作完成。

图 6-149　　　　　　　　　　图 6-150

图 6-151

图 6-152

6.3.2　动作控制面板

动作控制面板可以对一批进行相同处理的图像执行批处理操作，以减少重复操作。

选择"窗口 > 动作"命令，或按 Alt+F9 组合键，弹出"动作"控制面板，如图 6-151 所示。包括"停止播放／记录"按钮 ■、"开始记录"按钮 ●、"播放选定的动作"按钮 ▶、"创建新组"按钮 □、"创建新动作"按钮 ▣、"删除"按钮 ▥。

单击"动作"控制面板右上方的图标▼≡，弹出其下拉命令菜单，如图 6-152 所示。

6.4 课堂练习——调整照片的色彩与明度

【练习知识要点】使用可选颜色命令和曝光度命令调整图片的颜色，使用横排文字工具添加文字，如图 6-153 所示。

扫码观看
本案例视频

图 6-153

6.5 课后习题——制作城市全景照片

【习题知识要点】使用 Photomerge 命令制作城市全景照片，使用裁剪工具裁剪图像，使用曲线命令调整照片，效果如图 6-154 所示。

扫码观看
本案例视频

图 6-154

第 7 章

07

合成

▶ **本章介绍**

    通过 Photoshop 的应用，可以将原本不可能在一起的东西合成到一起，展现出设计师们无与伦比的想象力，为生活添加乐趣。本章将主要介绍图层的混合模式、图层蒙版、剪贴蒙版、矢量蒙版和快速蒙版的应用。通过本章的学习，读者可以了解和掌握合成的方法与技巧，为今后的设计工作打下基础。

学习目标

- 熟练掌握图层混合模式的应用方法
- 掌握不同蒙版的应用技巧

技能目标

- 掌握"双重曝光照片"的制作方法
- 掌握"红蓝色调照片"的制作方法
- 掌握"抽象艺术照片模板"的制作方法
- 掌握"时尚宣传卡"的制作方法
- 掌握"时尚蒙版画"的制作方法

慕课视频

合成

7.1　图层混合模式

图层混合模式在图像处理及效果制作中被广泛应用，特别是在多个图像合成方面更有其独特的作用及灵活性。

7.1.1　课堂案例——制作双重曝光照片

【案例学习目标】学习使用混合模式制作双重曝光效果。

【案例知识要点】使用垂直翻转命令翻转图片，使用图层蒙版、渐变工具和混合模式选项制作图片叠加效果，使用横排文字工具添加文字，效果如图 7-1 所示。

扫码观看
本案例视频

扫码观看
扩展案例

图 7-1

（1）按 Ctrl+O 组合键，打开素材 01 文件，如图 7-2 所示。将"背景"图层拖曳到控制面板下方的"创建新图层"按钮 上进行复制，生成新的图层"背景 拷贝"。

（2）按 Ctrl+T 组合键，在图像周围出现变换框，在变换框中单击鼠标右键，在弹出的菜单中选择"垂直翻转"命令，翻转图像并拖曳到适当的位置，按 Enter 键确定操作，效果如图 7-3 所示。

图 7-2

图 7-3

（3）在"图层"控制面板上方，将"背景 拷贝"图层的混合模式选项设为"明度"，如图 7-4 所示，效果如图 7-5 所示。单击"图层"控制面板下方的"添加图层蒙版"按钮 ，为图层添加蒙版，如图 7-6 所示。

图 7-4

图 7-5

图 7-6

（4）选择"渐变"工具 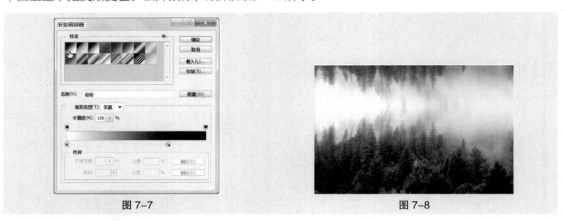，单击属性栏中的"点按可编辑渐变"按钮 ▨▨▨，弹出"渐变编辑器"对话框，将渐变色设为从白色到黑色，如图 7-7 所示，单击"确定"按钮。在图像窗口中由上至下拖曳渐变色，松开鼠标，效果如图 7-8 所示。

图 7-7 　　　　　　　　　　　　　　　　　图 7-8

（5）选择"文件 > 置入"命令，弹出"置入"对话框，选择素材 02 文件，单击"置入"按钮，将图片置入图像窗口中，并拖曳到适当的位置，按 Enter 键确定操作，效果如图 7-9 所示，在"图层"控制面板中生成新的图层并将其命名为"人物"。

（6）在"图层"控制面板上方，将"人物"图层的混合模式选项设为"叠加"，如图 7-10 所示，效果如图 7-11 所示。

图 7-9 　　　　　　　图 7-10 　　　　　　　图 7-11

（7）将"人物"图层拖曳到控制面板下方的"创建新图层"按钮 ▣ 上进行复制，生成新的图层"人物 拷贝"。将该图层的混合模式选项设为"柔光"，如图 7-12 所示，效果如图 7-13 所示。

图 7-12 　　　　　　　　　　　图 7-13

（8）将前景色设为绿色（12、92、61）。选择"横排文字"工具 T，在适当的位置输入需要的文字并选取文字，在属性栏中选择合适的字体并设置大小，效果如图 7-14 所示，在"图层"控制面板中生成新的文字图层。双重曝光照片制作完成，效果如图 7-15 所示。

图 7-14

图 7-15

7.1.2 图层混合模式

图层混合模式中的各种设置决定了当前图层中的图像与下面图层中的图像以何种模式进行混合。

在控制面板上方，单击 正常 选项设定图层的混合模式，包含有 27 种模式。打开一幅图像，如图 7-16 所示，"图层"控制面板如图 7-17 所示。

图 7-16

图 7-17

在对"铅笔"图层应用不同的图层模式后，效果如图 7-18 所示。

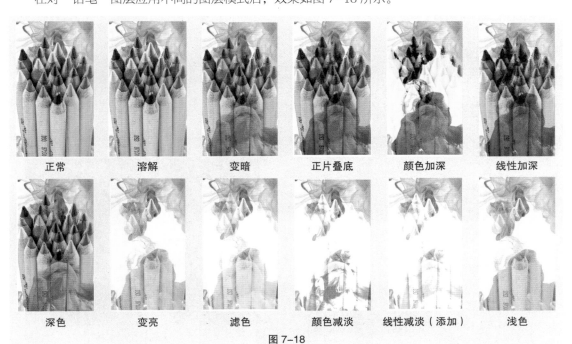

图 7-18

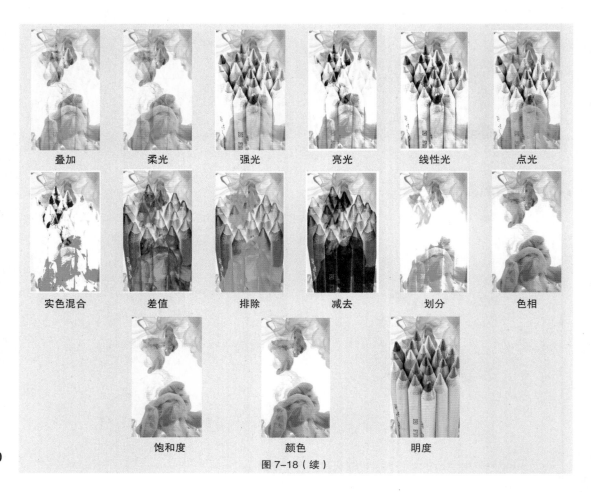

叠加	柔光	强光	亮光	线性光	点光

实色混合	差值	排除	减去	划分	色相

饱和度	颜色	明度

图 7-18（续）

7.2 蒙版

7.2.1 课堂案例——制作红蓝色调照片

【案例学习目标】学习使用图层蒙版制作颜色遮罩效果。

【案例知识要点】使用图层蒙版、画笔工具和图层混合模式制作图片合成，效果如图7-19所示。

图 7-19

（1）按 Ctrl+O 组合键，打开素材 01 文件，如图 7-20 所示。将"背景"图层拖曳到控制面板下方的"创建新图层"按钮 上进行复制，生成新的图层"背景 拷贝"，如图 7-21 所示。

图 7-20   图 7-21

（2）新建图层并将其命名为"纯色层 1"。将前景色设为蓝色（6、149、249）。按 Alt+Delete 组合键，用前景色填充图层，效果如图 7-22 所示。在"图层"控制面板上方，将该图层的混合模式选项设为"减去"，如图 7-23 所示，效果如图 7-24 所示。

图 7-22   图 7-23   图 7-24

（3）单击"图层"控制面板下方的"添加图层蒙版"按钮 ，为图层添加蒙版，如图 7-25 所示。将前景色设为黑色。选择"画笔"工具 ，在属性栏中单击"画笔"选项右侧的按钮 ，在弹出的面板中选择需要的画笔形状，设置如图 7-26 所示。将"不透明度"和"流量"选项均设为 50%，在图像窗口中拖曳鼠标擦除不需要的图像，效果如图 7-27 所示。

（4）用相同的方法制作"纯色层 2"图层。红蓝色调照片效果制作完成，效果如图 7-28 所示。

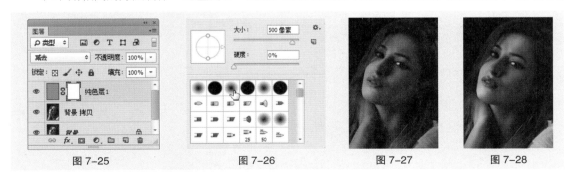

图 7-25   图 7-26   图 7-27   图 7-28

7.2.2　添加图层蒙版

单击"图层"控制面板下方的"添加图层蒙版"按钮 ，为图层添加蒙版，如图 7-29 所示。按住 Alt 键的同时，单击"图层"控制面板下方的"添加图层蒙版"按钮 ，为图层添加遮盖全图层的蒙版，如图 7-30 所示。

图 7-29   图 7-30

选择"图层 > 图层蒙版 > 显示全部"命令，也可以为图层添加蒙版。选择"图层 > 图层蒙版 > 隐藏全部"命令，也可以为图层添加遮盖全图层的蒙版。

7.2.3　隐藏图层蒙版

按住 Alt 键的同时，单击图层蒙版缩览图，图像将被隐藏，只显示蒙版缩览图中的效果，如图 7-31 所示，"图层"控制面板如图 7-32 所示。按住 Alt 键的同时，再次单击图层蒙版缩览图，将恢复图像。按住 Alt+Shift 组合键的同时，单击图层蒙版缩览图，将同时显示图像和图层蒙版的内容。

图 7-31   图 7-32

7.2.4　图层蒙版的链接

在"图层"控制面板中图层缩览图与图层蒙版缩览图之间存在链接图标，当图层图像与蒙版关联时，移动图像时蒙版会同步移动；单击链接图标，将不显示此图标，可以分别对图像与蒙版进行操作。

7.2.5　应用及删除图层蒙版

在"通道"控制面板中，双击"鸟蒙版"通道，弹出"图层蒙版显示选项"对话框，如图 7-33 所示，可以对蒙版的颜色和不透明度进行设置。

选择"图层 > 图层蒙版 > 停用"命令，或在按住 Shift 键的同时，单击"图层"控制面板中的图层蒙版缩览图，图层蒙版被停用，如图 7-34 所示，图像将全部显示，效果如图 7-35 所示。按住 Shift 键的同时，再次单击图层蒙版缩览图，将恢复图层蒙版，效果如图 7-36 所示。

图 7-33

图 7-34   图 7-35   图 7-36

选择"图层 > 图层蒙版 > 删除"命令，或在图层蒙版缩览图上单击鼠标右键，在弹出的下拉菜单中选择"删除图层蒙版"命令，可以将图层蒙版删除。

7.2.6 课堂案例——制作抽象艺术照片模板

【案例学习目标】学习使用剪贴蒙版制作艺术照片。

【案例知识要点】使用矩形工具、图层样式和剪贴蒙版制作相框，使用照片滤镜命令调整图片色调，效果如图 7-37 所示。

扫码观看
本案例视频

扫码观看
扩展案例

图 7-37

（1）按 Ctrl+O 组合键，打开素材 01 文件，效果如图 7-38 所示。

（2）选择"矩形"工具 ▣，在属性栏的"选择工具模式"选项中选择"形状"，将"填充"颜色设为黑色，在图像窗口中拖曳鼠标绘制矩形，效果如图 7-39 所示，在"图层"控制面板中生成新的形状图层。将该图层的"填充"选项设为 0%，按 Enter 键确定操作。

图 7-38   图 7-39

（3）单击"图层"控制面板下方的"添加图层样式"按钮 fx，在弹出的菜单中选择"投影"复选框，在弹出的对话框中进行设置，如图 7-40 所示，单击"确定"按钮，效果如图 7-41 所示。

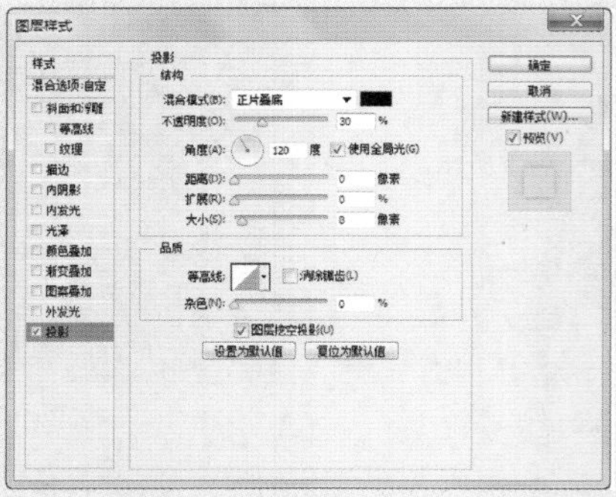

图 7-40 　　　　　　　　　　　　　　图 7-41

（4）选择"矩形"工具 ，在图像窗口中拖曳鼠标绘制矩形，如图 7-42 所示，在"图层"控制面板中生成新的形状图层。

（5）按 Ctrl+O 组合键，打开素材 02 文件，选择"移动"工具 ，将图片拖曳到图像窗口中适当的位置，如图 7-43 所示，在"图层"控制面板中生成新的图层并将其命名为"人物"。按 Ctrl+Alt+G 组合键，为图层创建剪贴蒙版，效果如图 7-44 所示。

图 7-42　　　　　　　　　　图 7-43　　　　　　　　　　图 7-44

（6）按住 Shift 键的同时，将"人物"图层和"矩形 1"图层之间的所有图层同时选取。按 Ctrl+T 组合键，在图像周围出现变换框，将鼠标指针放在变换框的控制手柄外边，指针变为旋转 图标，拖曳鼠标将图像旋转到适当的角度，按 Enter 键确定操作，效果如图 7-45 所示。用相同的方法制作其他图片蒙版，效果如图 7-46 所示。

（7）选择"文件 > 置入"命令，弹出"置入"对话框，选择素材 03 文件，单击"置入"按钮，将图片置入到图像窗口中，并拖曳到适当的位置，按 Enter 键确定操作，效果如图 7-47 所示，在"图层"控制面板中生成新的图层并将其命名为"文字"。

图 7-45　　　　　　　　　　图 7-46　　　　　　　　　　图 7-47

（8）单击"图层"控制面板下方的"创建新的填充或调整图层"按钮 ◔.，在弹出的菜单中选择"照片滤镜"命令，在"图层"控制面板中生成"照片滤镜1"图层，同时在弹出的"照片滤镜"面板中进行设置，如图7-48所示，按 Enter 键确定操作，效果如图7-49所示。抽象艺术照片模板制作完成。

图7-48　　　　　　　　　　　　　图7-49

7.2.7　剪贴蒙版

剪贴蒙版是使用某个图层的内容来遮盖其上方的图层，遮盖效果由基底图层决定。

打开一幅图像，如图7-50所示，"图层"控制面板如图7-51所示。按住 Alt 键的同时，将鼠标放置到"小黑人"和"形状"的中间位置，鼠标光标变为 ↓□ 图标，如图7-52所示。

图7-50　　　　　　　　图7-51　　　　　　　　图7-52

单击鼠标，创建剪贴蒙版，如图7-53所示，效果如图7-54所示。选择"移动"工具 ▶+，移动"小黑人"图像，效果如图7-55所示。

图7-53　　　　　　　　图7-54　　　　　　　　图7-55

选中剪贴蒙版组上方的图层，选择"图层 > 释放剪贴蒙版"命令，或按 Alt+Ctrl+G 组合键，取消剪贴蒙版。

7.2.8 课堂案例——制作时尚宣传卡片

【案例学习目标】学习使用矢量蒙版制作宣传卡主体。

【案例知识要点】使用载入形状命令载入形状图形，使用自定形状工具和当前路径命令为图层添加矢量蒙版，效果如图 7-56 所示。

图 7-56

（1）按 Ctrl+O 组合键，打开素材 01、02 文件，如图 7-57 所示。选择"移动"工具 ，将"02"图片拖曳到"01"图像窗口中适当的位置，效果如图 7-58 所示，在"图层"控制面板中生成新的图层并将其命名为"图片"。

图 7-57　　　　　　　　　　　　　　　　　　　　图 7-58

（2）选择"自定形状"工具 ，在属性栏的"选择工具模式"选项中选择"路径"，单击"形状"选项右侧的按钮 ，弹出"形状"面板，单击面板右上方的按钮 ，在弹出的菜单中选择"载入形状"命令，弹出"载入"对话框，选择素材 > 03 文件，单击"载入"按钮，载入形状。在"形状"面板中选中刚载入的图形，如图 7-59 所示。按住 Shift 键的同时，在图像窗口中拖曳鼠标绘制路径，如图 7-60 所示。

（3）选择"图层 > 矢量蒙版 > 当前路径"命令，创建矢量蒙版，效果如图 7-61 所示。按 Ctrl+T 组合键，在图像周围出现变换框，在变换框中单击鼠标右键，在弹出的菜单中选择"水平翻转"命令，水平翻转图像，按 Enter 键确定操作，效果如图 7-62 所示。

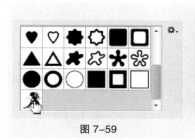

图 7-59　　　　　　　　　图 7-60　　　　　　　图 7-61　　　　　　　图 7-62

（4）选择"矩形"工具■，在属性栏的"选择工具模式"选项中选择"路径"，按住 Shift 键的同时，在图像窗口中拖曳鼠标绘制矩形，效果如图 7-63 所示。

（5）选择"文件 > 置入"命令，弹出"置入"对话框，选择素材 04 文件，单击"置入"按钮，将图片置入到图像窗口中，并拖曳到适当的位置，按 Enter 键确定操作，效果如图 7-64 所示，在"图层"控制面板中生成新的图层并将其命名为"装饰字"。时尚宣传卡片制作完成。

图 7-63　　　　　　　　　　　　　　图 7-64

7.2.9　矢量蒙版

打开一幅图像，如图 7-65 所示。选择"自定形状"工具，在属性栏中的"选择工具模式"选项中选择"路径"选项，在"形状"选择面板中选中"红心形卡"图形，如图 7-66 所示。

图 7-65　　　　　　　　　　　　　图 7-66

在图像窗口中绘制路径，如图 7-67 所示。选中"图层 1"。选择"图层 > 矢量蒙版 > 当前路径"命令，为图层添加矢量蒙版，如图 7-68 所示，效果如图 7-69 所示。选择"直接选择"工具，拖曳描点可以修改路径的形状，从而修改蒙版的遮罩区域，如图 7-70 所示。

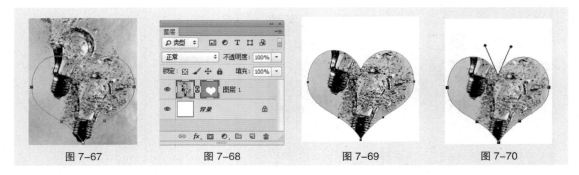

图 7-67　　　　　　　图 7-68　　　　　　　图 7-69　　　　　　　图 7-70

7.2.10　课堂案例——制作时尚蒙版画

【案例学习目标】学习使用快速蒙版制作蒙版画。

【案例知识要点】使用快速蒙版、画笔工具和反向命令制作图像画框，使用横排文字工具添加文字，效果如图7-71 所示。

扫码观看本案例视频　　扫码观看扩展案例

图 7-71

（1）按 Ctrl+O 组合键，打开素材 01 文件，如图 7-72 所示。新建图层，填充为白色。单击工具箱下方的"以快速蒙版模式编辑"按钮，进入蒙版状态。

（2）选择"画笔"工具，在属性栏中单击"画笔"选项右侧的按钮，弹出画笔选择面板，单击面板右上方的按钮，在弹出的菜单中选择"粗画笔"选项，弹出提示对话框，单击"追加"按钮。在画笔选择面板中选择需要的画笔形状，如图 7-73 所示。在图像窗口中拖曳鼠标绘制图像，效果如图 7-74 所示。

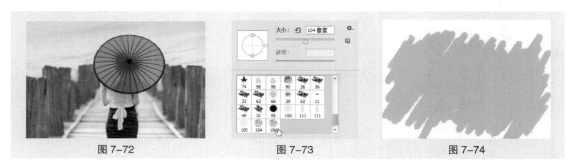

图 7-72　　　　　　　　　　图 7-73　　　　　　　　　　图 7-74

（3）单击工具箱下方的"以标准模式编辑"按钮，恢复到标准编辑状态，图像窗口中生成选区，如图 7-75 所示。按 Shift+Ctrl+I 组合键，将选区反选。按 Delete 键，删除选区中的图像。按 Ctrl+D 组合键，取消选区，效果如图 7-76 所示。

图 7-75 图 7-76

（4）选择"横排文字"工具 T，在适当的位置输入文字并选取文字，在属性栏中选择合适的字体并设置文字大小，效果如图 7-77 所示，在"图层"控制面板中生成新的文字图层。用相同的方法输入其他文字，效果如图 7-78 所示。时尚蒙版画制作完成。

图 7-77 图 7-78

7.2.11 快速蒙版

打开一幅图像，如图 7-79 所示。选择"魔棒"工具，在图像窗口中单击图像生成选区，如图 7-80 所示。

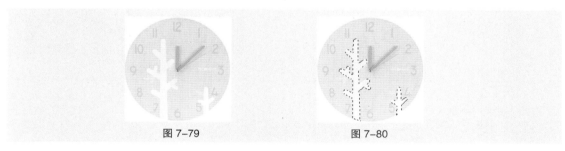

图 7-79 图 7-80

单击工具箱下方的"以快速蒙版模式编辑"按钮，进入蒙版状态，选区暂时消失，图像的未选择区域变为红色，如图 7-81 所示。"通道"控制面板中将自动生成快速蒙版，如图 7-82 所示。快速蒙版图像如图 7-83 所示。

图 7-81 图 7-82 图 7-83

选择"画笔"工具 ，在属性栏中进行设置，如图 7-84 所示。将不需要的区域绘制为黑色，图像效果和快速蒙版如图 7-85、图 7-86 所示。

图 7-84   图 7-85   图 7-86

7.3 课堂练习——春的开始

【练习知识要点】使用图层蒙版和渐变工具制作图片合成，效果如图 7-87 所示。

图 7-87

7.4 课后习题——制作合成特效

【习题知识要点】使用图层蒙版、画笔工具、渐变工具和图层混合模式制作合成特效，效果如图 7-88 所示。

图 7-88

第 8 章

08

特效

▶ **本章介绍**

　　Photoshop 处理图像的功能十分强大，不同的工具和命令搭配，可以制作出不同的具有视觉冲击力的图像，达到吸引人们眼球的目的。本章将主要介绍图层样式、3D 工具和滤镜的应用。通过本章的学习，读者可以了解和掌握特效的制作方法与技巧，使普通图片更加具有想象力和魅力。

学习目标

● 熟练掌握图层样式的应用

● 了解 3D 工具的使用

● 掌握常用滤镜的应用

技能目标

● 掌握"水晶软糖字"的制作方法

● 掌握"酷炫海报"的制作方法

● 掌握"水彩画"的制作方法

● 掌握"大头娃娃照"的制作方法

● 掌握"油画照片"的制作方法

● 掌握"网点照片"的制作方法

● 掌握"震撼的视觉照片"的制作方法

● 掌握"把模糊照片变清晰"的方法

● 掌握"艺术照片"的制作方法

慕课视频

特效

8.1 图层样式

Photoshop CC 提供了多种图层样式可供选择，可以单独为图像添加一种样式，也可以同时为图像添加多种样式，从而产生丰富的变化。

8.1.1 课堂案例——制作水晶软糖字

【案例学习目标】学习使用图层样式制作水晶软糖字。

【案例知识要点】使用横排文字工具添加文字，使用多种图层样式制作水晶软糖字，效果如图 8-1 所示。

图 8-1

（1）按 Ctrl+O 组合键，打开素材 01 文件，如图 8-2 所示。将前景色设为黑色。选择"横排文字"工具 T.，在适当的位置输入需要的文字并选取文字，在属性栏中选择合适的字体并设置文字大小，效果如图 8-3 所示，在"图层"控制面板中生成新的文字图层。

图 8-2   图 8-3

（2）在"图层"控制面板上方，将文字图层的"填充"选项设为 0%，如图 8-4 所示，图像效果如图 8-5 所示。按 Ctrl+J 组合键，复制文字图层，生成新的拷贝图层。

（3）选择"Photoshop CC 2017"文字图层。单击"图层"控制面板下方的"添加图层样式"按钮 fx.，在弹出的菜单中选择"投影"复选框，弹出对话框，将投影颜色设为绿色（23、74、83），其他选项的设置如图 8-6 所示，图像预览效果如图 8-7 所示。

图 8-4

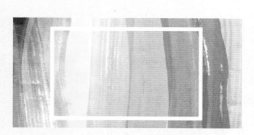

图 8-5

图 8-6

图 8-7

（4）选择"渐变叠加"复选框，切换到相应的对话框，单击对话框中的"点按可编辑渐变"按钮 ，弹出"渐变编辑器"对话框，将渐变色设为从蓝色（81、192、233）到浅蓝色（149、236、255），单击"确定"按钮。返回"渐变叠加"对话框，其他选项的设置如图 8-8 所示，图像预览效果如图 8-9 所示。

图 8-8

图 8-9

（5）选择"内发光"复选框，切换到相应的对话框，将发光颜色设为蓝色（132、241、245），其他选项的设置如图 8-10 所示，图像预览效果如图 8-11 所示。

（6）选择"斜面和浮雕"复选框，切换到相应的对话框，将高光颜色设为浅绿色（192、255、254），阴影颜色设为深绿色（55、170、184），其他选项的设置如图 8-12 所示，单击"确定"按钮，效果如图 8-13 所示。

（7）选择"Photoshop CC 2017 拷贝"图层。单击"图层"控制面板下方的"添加图层样式"按钮 fx.，在弹出的菜单中选择"投影"复选框，弹出对话框，将投影颜色设为绿色（23、74、

83），其他选项的设置如图 8-14 所示，图像预览效果如图 8-15 所示。

（8）选择"光泽"复选框，切换到相应的对话框，选项的设置如图 8-16 所示，图像预览效果如图 8-17 所示。

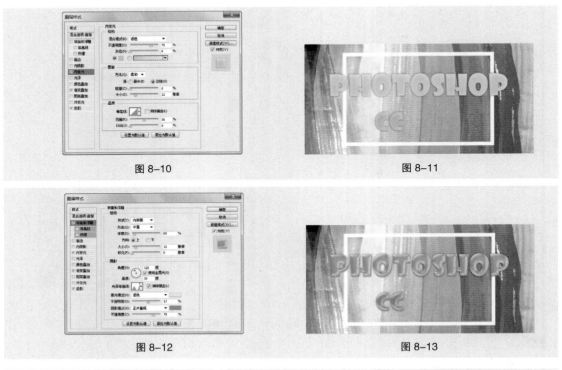

图 8-10

图 8-11

图 8-12

图 8-13

图 8-14

图 8-15

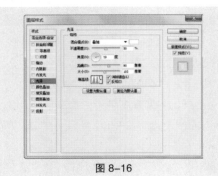

图 8-16

图 8-17

（9）选择"描边"复选框，切换到相应的对话框，将"填充类型"选项设为"渐变"，单击渐变选项右侧的"点按可编辑渐变"按钮 ，弹出"渐变编辑器"对话框，将渐变颜色设为从蓝色（40、151、179）到浅蓝色（103、212、239），如图 8-18 所示，单击"确定"按钮。返回到"描边"对话框，其他选项的设置如图 8-19 所示，单击"确定"按钮，效果如图 8-20 所示。

（10）选择"文件 > 置入"命令，弹出"置入"对话框，选择素材 02 文件，单击"置入"按钮，将图片置入到图像窗口中，并拖曳到适当的位置，按 Enter 键确定操作，效果如图 8-21 所示，在"图层"控制面板中生成新的图层并将其命名为"放射线"。水晶软糖字制作完成。

图 8-18

图 8-19

图 8-20

图 8-21

8.1.2　图层样式

单击"图层"控制面板右上方的图标 ，在弹出的面板菜单中选择"混合选项：自定"，弹出对话框，如图 8-22 所示。可以对当前图层进行特殊效果的处理。单击左侧的任意复选框，切换到相应的对话框中进行设置。还可以单击"图层"控制面板下方的"添加图层样式"按钮 ，弹出其菜单命令，如图 8-23 所示，选择相应的命令，在弹出的对话框中进行设置。

图 8-22

图 8-23

斜面和浮雕命令用于使图像产生一种倾斜与浮雕的效果，描边命令用于为图像描边，内阴影命令用于使图像内部产生阴影效果。3 种命令的效果如图 8-24 所示。

斜面和浮雕　　　　　　　　描边　　　　　　　　内阴影

图 8-24

内发光命令用于在图像的边缘内部产生一种辉光效果，光泽命令用于使图像产生一种光泽的效果，颜色叠加命令用于使图像产生一种颜色叠加效果。3 种命令的效果如图 8-25 所示。

内发光　　　　　　　　光泽　　　　　　　　颜色叠加

图 8-25

渐变叠加命令用于使图像产生一种渐变叠加效果，图案叠加命令用于在图像上添加图案效果，外发光命令用于在图像的边缘外部产生一种辉光效果，投影命令用于使图像产生阴影效果。4 种命令的效果如图 8-26 所示。

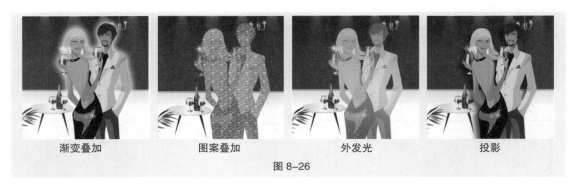

渐变叠加　　　　　　图案叠加　　　　　　外发光　　　　　　投影

图 8-26

8.2　3D 工具

8.2.1　课堂案例——制作酷炫海报

【案例学习目标】学习使用 3D 命令制作酷炫图像。

【案例知识要点】使用 3D 命令制作图像酷炫效果，使用多边形工具绘制装饰图形，使用色阶命令调整图像色调、使用文字工具添加文字信息。效果如图 8-27 所示。

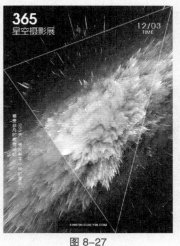

扫码观看
本案例视频

扫码观看
扩展案例

图 8-27

（1）按 Ctrl + N 组合键，新建一个文件，宽度为 9cm，高度为 12.6cm，分辨率为 150 像素 / 英寸，颜色模式为 RGB，背景内容为白色，新建文档。

（2）按 Ctrl + O 组合键，打开素材 01 文件，如图 8-28 所示。选择"3D > 从图层新建网格 > 深度映射到 > 平面"命令，效果如图 8-29 所示。

图 8-28

图 8-29

（3）在"3D"控制面板中选择"当前视图"，其他选项的设置如图 8-30 所示。选择"场景"命令，在属性面板中单击"样式"，在弹出的菜单中选择"未照亮的纹理"，如图 8-31 所示，图像效果如图 8-32 所示。在"图层"控制面板中将图像转换为智能对象。

图 8-30   图 8-31   图 8-32

（4）选择"移动"工具 ![移动]，将图片拖曳到新建窗口中适当的位置，调整大小并将其拖曳到适当的位置，效果如图 8-33 所示，在"图层"控制面板中生成新的图层并将其命名为"星空"。将"星空"图层拖曳到控制面板下方的"创建新图层"按钮 ![按钮] 上进行复制，生成新的图层并将其命名为"去色"。栅格化图层，选择"图像 > 调整 > 去色"命令，去色图像，效果如图 8-34 所示。

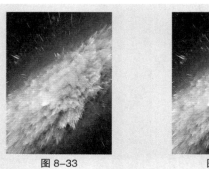

图 8-33   图 8-34

（5）新建图层。将前景色设为蓝色（53、177、255）。按 Alt+Delete 组合键，用前景色填充图层。在"图层"控制面板上方，将该图层的"不透明度"选项设为 48%，按 Enter 键确定操作，图像效果如图 8-35 所示。

（6）单击"图层"控制面板下方的"添加图层蒙版"按钮 ![按钮]，为图层添加蒙版。将前景色设为黑色。选择"画笔"工具 ![画笔]，在属性栏中单击"画笔"选项右侧的按钮 ·，在弹出的面板中选择需要的画笔形状，设置如图 8-36 所示，在图像窗口中拖曳鼠标擦除不需要的图像，图像效果如图 8-37 所示。

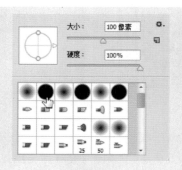

图 8-35   图 8-36   图 8-37

（7）新建图层并将其命名为"多边形"。选择"多边形"工具，属性栏中的设置如图 8-38
所示。在图像窗口中绘制多边形，效果如图 8-39 所示。

图 8-38

图 8-39

图 8-40

（8）将"星空"图层拖曳到控制面板下方的"创建新图层"按钮 上进行复制，生成新的图层
并将其命名为"彩色"，拖曳到"多边形"图层的上方。按住 Alt 键的同时，将鼠标光标放在"彩色"
图层和"多边形"图层的中间，单击鼠标，为图层创建剪切蒙版，效果如图 8-40 所示。

（9）选择"多边形"图层。单击"图层"控制面板下方的"添加图层样式"按钮 ，在弹出
的菜单中选择"描边"复选框，弹出对话框，将描边颜色设为白色，其他选项的设置如图 8-41 所示，
单击"确定"按钮，效果如图 8-42 所示。

（10）单击"图层"控制面板下方的"创建新的填充或调整图层"按钮 ，在弹出的菜单中选
择"色阶"命令，在"图层"控制面板中生成"色阶 1"图层。同时弹出"色阶"面板，设置如图 8-43
所示，按 Enter 键确定操作，图像效果如图 8-44 所示。

（11）将前景色设为白色。选择"横排文字"工具 ，在适当的位置输入需要的文字并选
取文字，在属性栏中选择合适的字体并设置大小，效果如图 8-45 所示，在"图层"控制面板中
生成新的文字图层。用相同的方法输入其他文字，效果如图 8-46 所示。

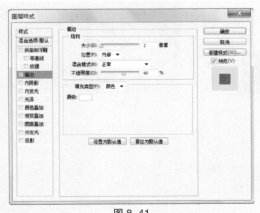

图 8-41

图 8-42

第
8
章
特
效

139

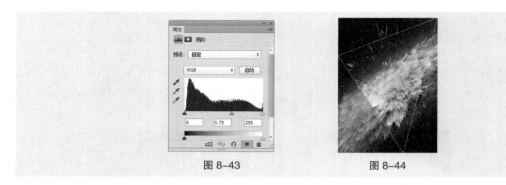

图 8-43　　　　　　　　　　图 8-44

（12）选择"直排文字"工具 $\boxed{\text{IT}}$ ，在适当的位置输入需要的文字并选取文字，在属性栏中选择合适的字体并设置大小，效果如图 8-47 所示，在"图层"控制面板中生成新的文字图层。

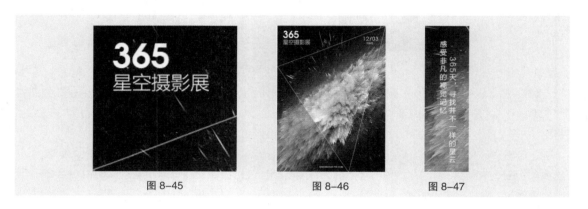

图 8-45　　　　　　　　图 8-46　　　　　　　　图 8-47

（13）新建图层并将其命名为"矩形条"。将前景色设为黑色。选择"矩形"工具 $\boxed{\blacksquare}$ ，在图像窗口中绘制矩形。在"图层"控制面板上方，将该图层的"不透明度"选项设为 50%，拖曳到文字图层的下方，效果如图 8-48 所示。酷炫海报制作完成，效果如图 8-49 所示。

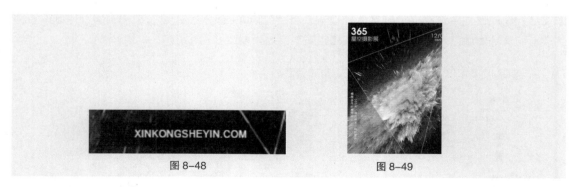

图 8-48　　　　　　　　　　　图 8-49

8.2.2　创建 3D 对象

在 Photoshop CC 中可以将平面图像转换为各种预设形状，如平面、双面平面、圆柱体、球体。只有将图层变为 3D 图层后，才能使用 3D 工具和命令。

打开一幅图像，如图 8-50 所示。选择"3D > 从图层新建网格 > 深度映射到"命令，弹出图 8-51 所示的子菜单，选择需要的命令可以创建不同的 3D 对象，如图 8-52 所示。

图 8-50

平面(P)
双面平面(T)
圆柱体(C)
球体(S)

图 8-51

平面

双面平面

圆柱体

球体

图 8-52

8.3 滤镜菜单及应用

    Photoshop CC 的滤镜菜单下提供了多种滤镜，选择这些滤镜命令，可以制作出奇妙的图像效果。单击"滤镜"菜单，弹出图 8-53 所示的下拉菜单。

    Photoshop CC 滤镜菜单被分为 6 部分，并用横线划分开。

    第 1 部分为上次滤镜操作，没有使用滤镜时，此命令为灰色，不可选择。使用任意一种滤镜后，当需要重复使用这种滤镜时，只要直接选择这种滤镜或按 Ctrl+F 组合键，即可重复使用。

    第 2 部分为转换为智能滤镜，可以随时修改滤镜操作。

    第 3 部分为 7 种 Photoshop CC 滤镜，每个滤镜的功能都十分强大。

    第 4 部分为 9 种 Photoshop CC 滤镜组，每个滤镜组中都包含多个子滤镜。

图 8-53

第 5 部分为 Digimarc 滤镜。

第 6 部分为浏览联机滤镜。

8.3.1 课堂案例——制作水彩画

【案例学习目标】学习使用不同的滤镜命令制作水彩画。

【案例知识要点】使用干画笔滤镜为图片添加特殊效果，使用喷溅滤镜晕染图像，使用图层蒙版和画笔工具制作局部遮罩，效果如图 8-54 所示。

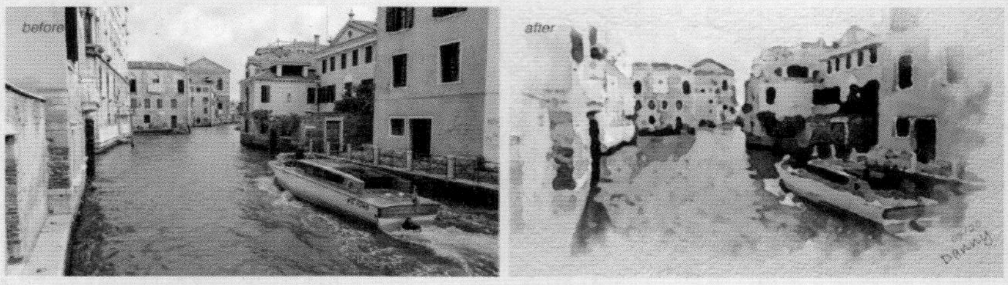

图 8-54

扫码观看
本案例视频

扫码观看
扩展案例

（1）按 Ctrl + O 组合键，打开素材 01 文件，如图 8-55 所示。将“背景”图层拖曳到控制面板下方的“创建新图层”按钮上进行复制，生成新的图层“背景 拷贝”，如图 8-56 所示。

（2）选择“滤镜 > 滤镜库 ”命令，在弹出的对话框中进行设置，如图 8-57 所示，单击“确定”按钮，效果如图 8-58 所示。

（3）选择“滤镜 > 模糊 > 特殊模糊”命令，在弹出的对话框中进行设置，如图 8-59 所示，单击“确定”按钮，效果如图 8-60 所示。

（4）选择“滤镜 > 滤镜库”命令，在弹出的对话框中进行设置，如图 8-61 所示，单击“确定”按钮，效果如图 8-62 所示。

（5）按 Ctrl+J 组合键，复制“背景 拷贝”图层，生成新的图层并将其命名为“效果”。选择“滤镜 > 风格化 > 查找边缘”命令，查找图像边缘，图像效果如图 8-63 所示，“图层”控制面板如图 8-64 所示。

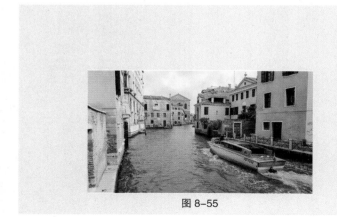

图 8-55

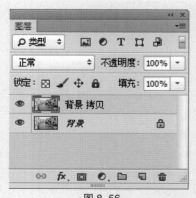

图 8-56

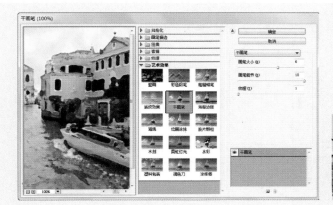

图 8-57

图 8-58

图 8-59

图 8-60

图 8-61

图 8-62

（6）在"图层"控制面板上方，将该图层的混合模式选项设为"正片叠底"，"不透明度"选项设为 40%，如图 8-65 所示，按 Enter 键确定操作，图像效果如图 8-66 所示。

（7）按住 Ctrl 键的同时，选择"效果"图层和"背景 拷贝"图层。按 Ctrl+E 组合键，合并图层并将其命名为"画"。选择"滤镜 > 滤镜库"命令，在弹出的对话框中进行设置，如图 8-67 所示，单击"确定"按钮，效果如图 8-68 所示。

（8）选择"文件 > 置入"命令，弹出"置入"对话框，选择素材 02 文件，单击"置入"按钮，将图片置入到图像窗口中，并拖曳到适当的位置，按 Enter 键确定操作，效果如图 8-69 所示，在"图层"控制面板中生成新的图层并将其命名为"纹理"，如图 8-70 所示。

图 8-63

图 8-64

图 8-65

图 8-66

图 8-67

图 8-68

图 8-69

图 8-70

Photoshop CC 核心应用案例教程（全彩慕课版）

（9）单击"图层"控制面板下方的"添加图层蒙版"按钮，为图层添加蒙版，如图 8-71 所示。将前景色设为黑色。选择"画笔"工具，在属性栏中单击"画笔"选项右侧的按钮，弹出画笔选择面板，单击右上方的按钮，在弹出的菜单中选择"载入画笔"命令，弹出对话框，选择素材 03 文件，单击"确定"按钮。在弹出的面板中选择载入的画笔形状，如图 8-72 所示。在属性栏中将"不透明度"选项设为 80%，在图像窗口中拖曳鼠标擦除不需要的图像，效果如图 8-73 所示。

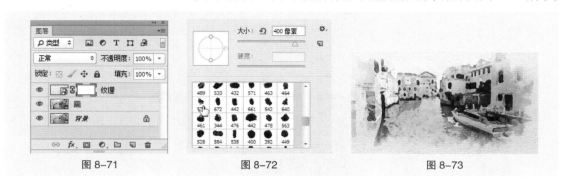

图 8-71　　　　　　　　　　图 8-72　　　　　　　　　　图 8-73

（10）将前景色设为黑色。选择"横排文字"工具，在适当的位置输入需要的文字并选取文字，在属性栏中选择合适的字体并设置大小，效果如图 8-74 所示，在"图层"控制面板中生成新的文字图层。

（11）按 Ctrl+T 组合键，在图像周围出现变换框，将指针放在变换框的控制手柄外边，指针变为旋转图标，拖曳鼠标将图像旋转到适当的角度，按 Enter 键确定操作，效果如图 8-75 所示。用相同的方法输入并变换其他文字，效果如图 8-76 所示。水彩画制作完成，效果如图 8-77 所示。

图 8-74　　　　　　　　　　图 8-75　　　　　　　　　　图 8-76

图 8-77

8.3.2 干画笔

干画笔滤镜可以产生一种不饱和、不湿润的油画效果。

打开一幅图像，如图 8-78 所示。选择"滤镜 > 滤镜库"命令，弹出图 8-79 所示的对话框，可以设置画笔大小、细节和纹理，如图 8-80 所示，单击"确定"按钮，效果如图 8-81 所示。

图 8-78　　　　　　　　　　　　　　　图 8-79

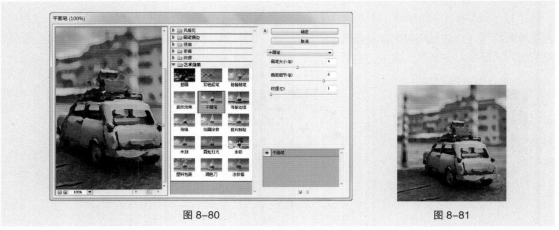

图 8-80　　　　　　　　　　　　　　　图 8-81

8.3.3 特殊模糊

特殊模糊滤镜可以产生一种清晰边界的模糊效果。该滤镜能够找出图像边缘并只模糊图像边界线内的区域。

8.3.4 喷溅

喷溅滤镜可以产生画面颗粒飞溅的沸水效果，类似于用喷枪在画面上喷出的许多小彩点。喷溅滤镜多用于制作水中镜像效果。

打开一幅图像，如图 8-82 所示。选择"滤镜 > 滤镜库"命令，弹出图 8-83 所示的对话框，可以设置笔刷的喷色半径和平滑度，设置如图 8-84 所示，单击"确定"按钮，效果如图 8-85 所示。

图 8-82

图 8-83

图 8-84

图 8-85

8.3.5 查找边缘

　　查找边缘滤镜可以搜寻图像的主要颜色变化区域并强化其过渡像素，产生一种用铅笔勾描轮廓的效果。

　　打开一幅图像，如图 8-86 所示。选择"滤镜 > 风格化 > 查找边缘"命令，查找图像边缘，效果如图 8-87 所示。

图 8-86

图 8-87

8.3.6 课堂案例——制作大头娃娃照

【案例学习目标】学习使用液化滤镜制作大头娃娃照。

【案例知识要点】使用矩形选框工具绘制选区，使用变形命令调整图像，使用液化滤镜调整脸型，效果如图 8-88 所示。

图 8-88

（1）按 Ctrl + O 组合键，打开素材 01 文件，如图 8-89 所示。将"背景"图层拖曳到控制面板下方的"创建新图层"按钮上进行复制，生成新的图层并将其命名为"身体"，如图 8-90 所示。

图 8-89   图 8-90

（2）按 Ctrl+J 组合键，复制"身体"图层，生成新的图层并将其命名为"头"，如图 8-91 所示。选择"矩形选框"工具，在图像窗口中绘制矩形选区，如图 8-92 所示。按 Delete 键，删除选区中的图像。按 Ctrl+D 组合键，取消选区。

（3）按 Ctrl+T 组合键，在图像周围出现变换框，单击鼠标右键，在弹出的菜单中选择"变形"命令，出现变形框，如图 8-93 所示。在图像窗口中拖曳鼠标调整图像，如图 8-94 所示，按 Enter 键确定操作，效果如图 8-95 所示。

（4）在"图层"控制面板中，按住 Ctrl 键的同时，选择"头"和"身体"图层。按 Ctrl+E 组合键，合并图层并将其命名为"大头"，如图 8-96 所示。选择"滤镜 > 液化"命令，弹出对话框，将"画笔大小"选项设为 500，"画笔压力"选项设为 1，在预览窗口中拖曳鼠标，调整人物脸型，如图 8-97 所示。

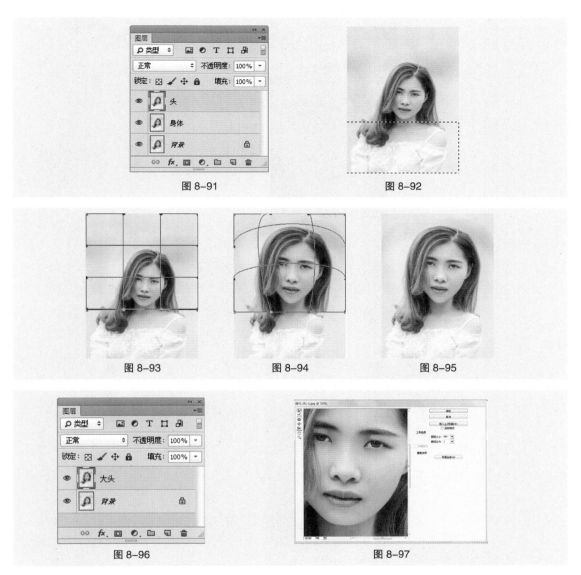

图 8-91　　　　　　　　　　　　　　　图 8-92

图 8-93　　　　　　　图 8-94　　　　　　　图 8-95

图 8-96　　　　　　　　　　　　　　　图 8-97

（5）选择"褶皱"工具 ，将"画笔大小"选项设为 400，"画笔压力"选项设为 1，在预览窗口中拖曳鼠标，调整鼻子和嘴的大小，如图 8-98 所示。

图 8-98

（6）选择"膨胀"工具 ，将"画笔大小"选项设为 400，"画笔压力"选项设为 1，在预览窗口中拖曳鼠标，调整眼睛大小，如图 8-99 所示。

图 8-99

（7）选择"向前变形"工具 ，将"画笔大小"选项设为 900，"画笔压力"选项设为 100，在预览窗口中拖曳鼠标，调整人物服装，如图 8-100 所示。单击"确定"按钮，效果如图 8-101 所示。

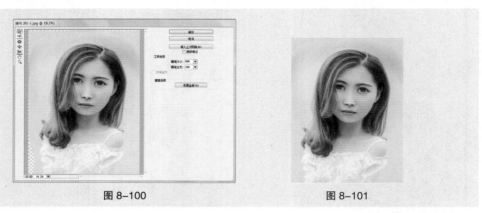

图 8-100 　　　　　　　　　图 8-101

（8）将前景色设为黑色。选择"横排文字"工具 T，在适当的位置输入需要的文字并选取文字，在属性栏中选择合适的字体并设置大小，效果如图 8-102 所示，在"图层"控制面板中生成新的文字图层。大头娃娃照制作完成，效果如图 8-103 所示。

图 8-102 　　　　　　　　　图 8-103

8.3.7　液化

液化滤镜命令可以制作出各种类似液化的图像变形效果。

打开一幅图像，如图 8-104 所示。选择"滤镜 > 液化"命令，或按 Shift+Ctrl+X 组合键，弹出"液化"对话框，勾选右侧的"高级模式"复选框，如图 8-105 所示。

图 8-104 　　　　　　　　　　　　　　　　　　图 8-105

左侧的工具箱由上到下分别为"向前变形"工具 、"重建"工具 、"褶皱"工具 、"膨胀"工具 、"左推"工具 、"抓手"工具 和"缩放"工具 。

工具选项组："画笔大小"选项用于设定所选工具的笔触大小；"画笔密度"选项用于设定画笔的浓重度；"画笔压力"选项用于设定画笔的压力，压力越小，变形的过程越慢；"画笔速率"选项用于设定画笔的绘制速度；"光笔压力"选项用于设定压感笔的压力。

重建选项组："重建"按钮用于对变形的图像进行重置；"恢复全部"按钮用于将图像恢复到打开时的状态。

蒙版选项组：用于选择通道蒙版的形式。选择"无"按钮，可以不制作蒙版；选择"全部蒙住"按钮，可以为全部的区域制作蒙版；选择"全部反相"按钮，可以解冻蒙版区域并冻结剩余的区域。

视图选项组：勾选"显示图像"复选框可以显示图像；勾选"显示网格"复选框可以显示网格，"网格大小"选项用于设置网格的大小，"网格颜色"选项用于设置网格的颜色；勾选"显示蒙版"复选框，可以显示蒙版，"蒙版颜色"选项用于设置蒙版的颜色。勾选"显示背景"复选框，在"使用"选项的下拉列表中可以选择"所有图层"；在"模式"选项的下拉列表中可以选择不同的模式；在"不透明度"选项中可以设置不透明度。

在对话框中对图像进行变形，如图 8-106 所示，单击"确定"按钮，图像效果如图 8-107 所示。

图 8-106 　　　　　　　　　　　　　　　　　　图 8-107

8.3.8　课堂案例——制作油画照片

【案例学习目标】学习使用油画命令制作油画图像。

【案例知识要点】使用油画滤镜命令制作油画效果，使用色阶命令调整图像，效果如图8-108所示。

图 8-108

（1）按Ctrl + O组合键，打开素材01文件，如图8-109所示。将"背景"图层拖曳到控制面板下方的"创建新图层"按钮 □ 上进行复制，生成新的图层"背景 拷贝"，如图8-110所示。

图 8-109　　　　　　　　　　　　　图 8-110

（2）选择"滤镜 > 油画"命令，在弹出的对话框中进行设置，如图8-111所示，单击"确定"按钮，效果如图8-112所示。

图 8-111　　　　　　　　　　　　　图 8-112

（3）按Ctrl+L组合键，弹出"色阶"对话框，选项的设置如图8-113所示。单击"确定"按钮，效果如图8-114所示。油画照片制作完成。

图 8-113　　　　　　　　　　　　　　　　图 8-114

8.3.9　油画

油画滤镜可以将照片或图片制作成油画效果。

打开一幅图像，如图8-115所示。选择"滤镜 > 油画"命令，弹出图8-116所示的对话框，可以设置笔刷的描边样式、描边清洁度、缩放和硬毛刷细节、角方向和闪亮情况。设置如图8-117所示，单击"确定"按钮，图像效果如图8-118所示。

图 8-115　　　　　　　　　　　　　　　　图 8-116

图 8-117

图 8-118

8.3.10　课堂案例——制作网点照片

【案例学习目标】学习使用彩色半调命令制作网点图像。

【案例知识要点】使用彩色半调滤镜命令制作网点图像，使用色阶命令调整图像效果，使用镜头光晕滤镜命令添加光晕，效果如图 8-119 所示。

图 8-119

（1）按 Ctrl + O 组合键，打开素材 01 文件，如图 8-120 所示。将"背景"图层拖曳到控制面板下方的"创建新图层"按钮 ▣ 上进行复制，生成新的图层并将其命名为"人物"，如图 8-121 所示。

图 8-120

图 8-121

（2）选择"滤镜 > 像素化 > 彩色半调"命令，在弹出的对话框中进行设置，如图 8-122 所示，单击"确定"按钮，效果如图 8-123 所示。

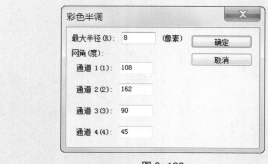

图 8-122

图 8-123

（3）选择"滤镜 > 模糊 > 高斯模糊"命令，在弹出的对话框中进行设置，如图 8-124 所示，单击"确定"按钮，效果如图 8-125 所示。

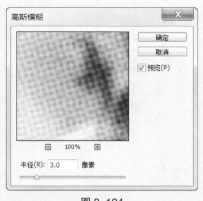

图 8-124　　　　　　　　　　　图 8-125

（4）在"图层"控制面板上方，将该图层的混合模式选项设为"正片叠底"，如图 8-126 所示，图像效果如图 8-127 所示。

（5）按 D 键，恢复默认前景色和背景色。选择"背景"图层。按 Ctrl+J 组合键，复制"背景"图层，生成新的图层并将其命名为"人物 2"。拖曳到"人物"图层的上方，如图 8-128 所示。

图 8-126　　　　　　　　　图 8-127　　　　　　　　　图 8-128

（6）选择"滤镜 > 滤镜库"命令，在弹出的对话框中进行设置，如图 8-129 所示，单击"确定"按钮，效果如图 8-130 所示。

图 8-129　　　　　　　　　　　图 8-130

（7）选择"滤镜 > 渲染 > 镜头光晕"命令，在弹出的对话框中进行设置，如图 8-131 所示，单击"确定"按钮，效果如图 8-132 所示。

图 8-131　　　　　　　　　　　　　　　　　　图 8-132

（8）在"图层"控制面板上方，将"人物 2"图层的混合模式选项设为"强光"，如图 8-133 所示，图像效果如图 8-134 所示。

图 8-133　　　　　　　　　　　　　　　　　　图 8-134

（9）将"背景"图层拖曳到控制面板下方的"创建新图层"按钮上进行复制，生成新的图层"背景 拷贝"。按住 Shift 键的同时，选择"人物 2"图层和"背景 拷贝"图层之间的所有图层，按 Ctrl+E 组合键，合并图层并将其命名为"效果"，如图 8- 135 所示。

（10）选择"滤镜 > 模糊 > 光圈模糊"命令，在弹出的对话框中进行设置，如图 8-136 所示，按 Enter 键确定操作，效果如图 8-137 所示。网点照片制作完成。

图 8-135　　　　　　　　　图 8-136　　　　　　　　　图 8-137

8.3.11 高斯模糊

高斯模糊滤镜的模糊程度比较强烈，可以在很大程度上对图像进行高斯模糊处理，使图像产生难以辨认的模糊效果。

8.3.12 光圈模糊

光圈模糊滤镜可以将椭圆焦点范围之外的图像模糊。

8.3.13 彩色半调

彩色半调滤镜可以产生铜版画的效果。

打开一幅图像，如图 8-138 所示。选择"滤镜 > 像素化 > 彩色半调"命令，弹出图 8-139 所示的对话框。

图 8-138　　　　　　　　　　　图 8-139

"最大半径"选项用于最大像素填充的设置，它控制着网格大小。"网角（度）"选项用于设定屏蔽度数，4 个通道分别代表填入颜色之间的角度。

对话框的设置如图 8-140 所示，单击"确定"按钮，效果如图 8-141 所示。

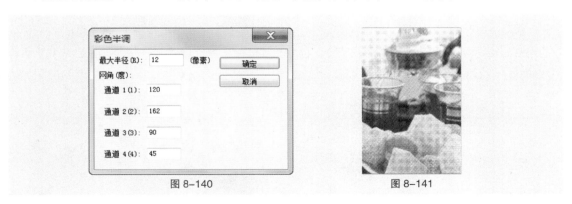

图 8-140　　　　　　　　　　　图 8-141

8.3.14 半调图案

半调图案滤镜可以使用前景色和背景色在当前图像中产生网板图案的效果。

打开一幅图像，如图 8-142 所示。选择"滤镜 > 滤镜库"命令，弹出对话框，设置如图 8-143 所示。

图 8-142　　　　　　　　　　　　　图 8-143

　　"大小"选项用于调节网格间距的大小。此参数取值越大，产生的网格间距也越大。"对比度"选项用于调节前景色的对比度。"图案类型"选项用于选择图案的类型。

　　对话框的设置如图 8-144 所示，单击"确定"按钮，效果如图 8-145 所示。

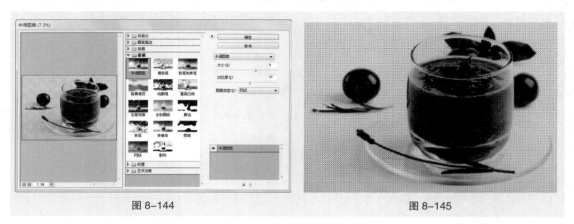

图 8-144　　　　　　　　　　　　　图 8-145

8.3.15　镜头光晕

　　"镜头光晕"滤镜可以生成摄像机镜头炫光的效果，它可自动调节摄像机炫光的位置。

　　打开一幅图像，如图 8-146 所示。选择"滤镜 > 渲染 > 镜头光晕"命令，弹出图 8-147 所示的对话框。

图 8-146　　　　　　　　　　　　　图 8-147

　　"亮度"选项用于控制斑点的亮度大小。此参数设置过高时，整个画面会变成一片白色。"光晕中心"选项可通过拖动十字光标来设定炫光位置。"镜头类型"选项组用于设定摄像机镜头的类型。

对话框的设置如图 8-148 所示,单击"确定"按钮,效果如图 8-149 所示。

图 8-148　　　　　　　　　　图 8-149

8.3.16　课堂案例——制作震撼的视觉照片

【案例学习目标】学习使用极坐标命令制作震撼的视觉效果。

【案例知识要点】使用极坐标滤镜命令扭曲图像,使用裁剪工具裁剪图像,使用图层蒙版和画笔工具修饰照片,效果如图 8-150 所示。

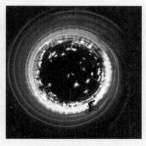

图 8-150

（1）按 Ctrl + O 组合键,打开素材 01 文件,如图 8-151 所示。将"背景"图层拖曳到控制面板下方的"创建新图层"按钮 上进行复制,生成新的图层并将其命名为"旋转",如图 8-152 所示。

图 8-151　　　　　　　　　　图 8-152

（2）选择"裁剪"工具 ，属性栏中的设置如图 8-153 所示，在图像窗口中适当的位置拖曳一个裁切区域，如图 8-154 所示。按 Enter 键确定操作，效果如图 8-155 所示。

图 8-153

图 8-154　　　　　　　　　　　图 8-155

（3）选择"滤镜 > 扭曲 > 极坐标"命令，在弹出的对话框中进行设置，如图 8-156 所示，单击"确定"按钮，效果如图 8-157 所示。

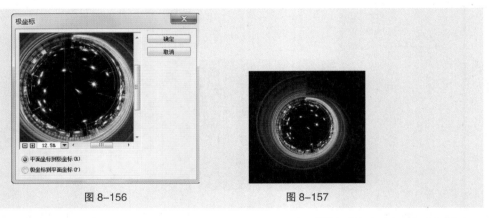

图 8-156　　　　　　　　　　　图 8-157

（4）将"旋转"图层拖曳到控制面板下方的"创建新图层"按钮 上进行复制，生成新的图层"旋转 拷贝"，如图 8-158 所示。

（5）按 Ctrl+T 组合键，在图像周围出现变换框，将鼠标指针放在变换框的控制手柄外边，指针变为旋转图标 ，拖曳鼠标将图像旋转到适当的角度，按 Enter 键确定操作，效果如图 8-159 所示。

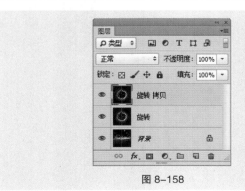

图 8-158　　　　　　　　　　　图 8-159

（6）单击"图层"控制面板下方的"添加图层蒙版"按钮 ▣，为图层添加蒙版，如图 8-160 所示。将前景色设为黑色。选择"画笔"工具 ✐，在属性栏中单击"画笔"选项右侧的按钮 ┊，在弹出的面板中选择需要的画笔形状，如图 8-161 所示。在属性栏中将"不透明度"选项设为 80%，在图像窗口中拖曳鼠标擦除不需要的图像，效果如图 8-162 所示。

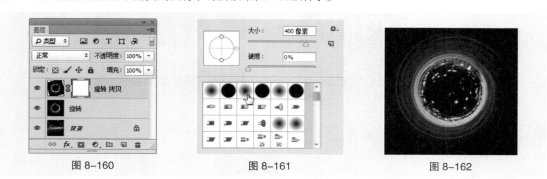

<table>
<tr><td>图 8-160</td><td>图 8-161</td><td>图 8-162</td></tr>
</table>

（7）按住 Ctrl 键的同时，选择"旋转 拷贝"和"旋转"图层。按 Ctrl+E 组合键，合并图层并将其命名为"底图"。按 Ctrl+J 组合键，复制"底图"图层，生成新的图层"底图 拷贝"，如图 8-163 所示。

（8）选择"滤镜 > 扭曲 > 波浪"命令，在弹出的对话框中进行设置，如图 8-164 所示，单击"确定"按钮，效果如图 8-165 所示。在"图层"控制面板上方，将拷贝图层的混合模式选项设为"颜色减淡"，如图 8-166 所示，图像效果如图 8-167 所示。

图 8-163

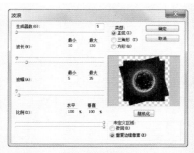

图 8-164

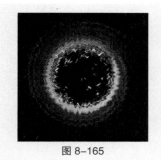

图 8-165

图 8-166

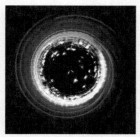

图 8-167

（9）选择"文件 > 置入"命令，弹出"置入"对话框，选择素材 02 文件，单击"置入"按钮，将图片置入到图像窗口中，并拖曳到适当的位置，按 Enter 键确定操作，效果如图 8-168 所示，在"图层"控制面板中分别生成新的图层并将其命名为"自行车"。震撼的视觉照片制作完成，效果如图 8-169 所示。

图 8-168

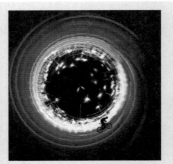
图 8-169

8.3.17 波浪

波浪滤镜是 Photoshop 中比较复杂的一个滤镜，它通过选择不同的波长以产生不同的波动效果。打开一幅图像，如图 8-170 所示。选择"滤镜 > 扭曲 > 波浪"命令，弹出图 8-171 所示的对话框。

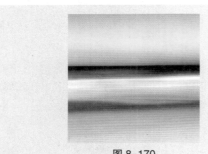
图 8-170

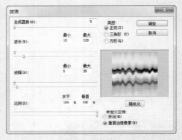
图 8-171

"生成器数"选项用来控制产生波的总数。此参数设置越高，产生的图像越模糊。"波长"选项，用于控制波峰的间距，有两个选项；"波幅"选项用于调节产生波的波幅，它与上一个参数的设置相同；"比例"选项用于决定水平、垂直方向的变形度。"类型"选项组用来规定波的形状。"未定义区域"选项组用于设定未定义区域的类型。

对话框的设置如图 8-172 所示，单击"确定"按钮，效果如图 8-173 所示。

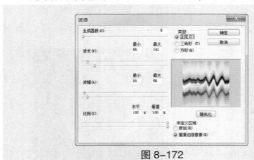
图 8-172

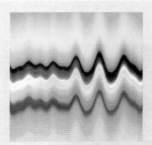
图 8-173

8.3.18 极坐标

极坐标滤镜可以出现图像坐标从直角坐标转为极坐标，或从极坐标转为直角坐标所产生的效果。它能将直的物体拉弯，圆形物体拉直。

8.3.19　课堂案例——把模糊照片变清晰

【案例学习目标】学习使用 USM 锐化命令锐化图像。

【案例知识要点】使用 USM 锐化命令调整照片清晰度，使用色相 / 饱和度命令和色阶命令调整图像色调，效果如图 8-174 所示。

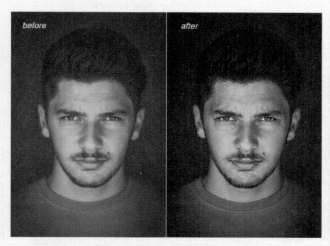

扫码观看
本案例视频

扫码观看
扩展案例

图 8-174

（1）按 Ctrl + O 组合键，打开素材 01 文件，如图 8-175 所示。按 Ctrl+J 组合键，复制"背景"图层，生成新的图层"图层 1"，如图 8-176 所示。

图 8-175　　　　　　　　　　　　图 8-176

（2）选择"滤镜 > 锐化 > USM 锐化"命令，在弹出的对话框中进行设置，如图 8-177 所示，单击"确定"按钮，效果如图 8-178 所示。

（3）选择"滤镜 > 锐化 > 防抖"命令，在弹出的对话框中进行设置，如图 8-179 所示，单击"确定"按钮，效果如图 8-180 所示。

（4）选择"图像 > 调整 > 色相 / 饱和度"命令，在弹出的对话框中进行设置，如图 8-181 所示，单击"确定"按钮，效果如图 8-182 所示。

（5）选择"图像 > 调整 > 色阶"命令，在弹出的对话框中进行设置，如图 8-183 所示，单击"确定"按钮，效果如图 8-184 所示。把模糊照片变清晰制作完成。

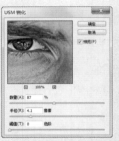

图 8-177

图 8-178

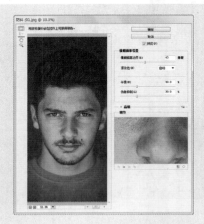

图 8-179

图 8-180

图 8-181

图 8-182

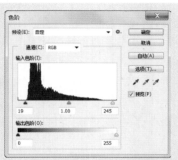

图 8-183

图 8-184

8.3.20　USM 锐化

USM 锐化滤镜可以产生边缘轮廓锐化的效果。

打开一幅图像，如图 8-185 所示。选择"滤镜 > 锐化 > USM 锐化"命令，弹出图 8-186 所示的对话框，可以设置锐化的数量、半径和阈值。设置如图 8-187 所示，单击"确定"按钮，效果如图 8-188 所示。

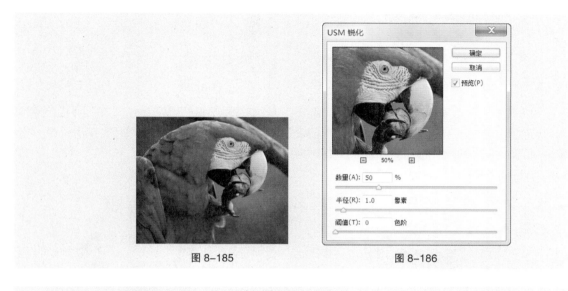

图 8-185　　　　　　　　　　　　　　　图 8-186

图 8-187

图 8-188

8.3.21　防抖

防抖滤镜可以减少因相机运动而产生的图像模糊。

打开一幅图像，如图 8-189 所示。选择"滤镜 > 锐化 > 防抖"命令，弹出图 8-190 所示的对话框。

左侧的工具箱由上到下分别为"模糊评估工具"工具 ⬚、"抓手"工具 🖑 和"缩放"工具 🔍 。

图 8-189　　　　　　　　　　　　　　　图 8-190

模糊描摹设置选项："模糊描摹边界"选项可以改变模糊描摹的边界大小；"源杂色"选项可以自动估计图像中的杂色量；"平滑"选项可以减少或增加高频锐化杂色，一般使用低平滑设置。"伪像抑制"选项可以抑制一些在锐化图像的过程中明显的杂色伪像。

对话框的设置如图 8-191 所示，单击"确定"按钮，效果如图 8-192 所示。

图 8-191　　　　　　　　　　　　　　　图 8-192

8.3.22　课堂案例——制作艺术照片

【案例学习目标】学习使用杂色命令制作图像艺术效果。

【案例知识要点】使用添加杂色滤镜命令添加杂色，使用照片滤镜命令为图像加色，效果如图 8-193 所示。

扫码观看
本案例视频

扫码观看
扩展案例

图 8-193

（1）按 Ctrl + O 组合键，打开素材 01 文件，如图 8-194 所示。按 Ctrl+J 组合键，复制"背景"图层，生成新的图层"图层 1"，如图 8-195 所示。

图 8-194

图 8-195

（2）在"图层"控制面板上方，将该图层的混合模式选项设为"柔光"，如图 8-196 所示，图像效果如图 8-197 所示。

图 8-196

图 8-197

（3）选择"滤镜 > 杂色 > 添加杂色"命令，在弹出的对话框中进行设置，如图 8-198 所示，单击"确定"按钮，效果如图 8-199 所示。

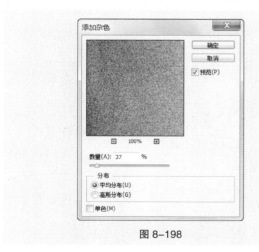

图 8-198

图 8-199

（4）选择"滤镜 > 其他 > 高反差保留"命令，在弹出的对话框中进行设置，如图 8-200 所示，单击"确定"按钮，效果如图 8-201 所示。

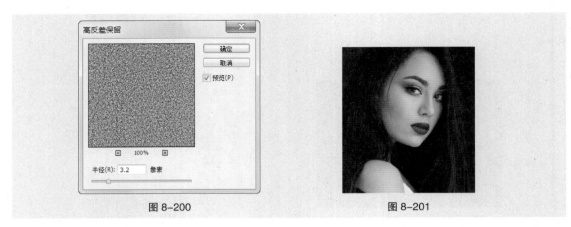

图 8-200   图 8-201

（5）选择"图像 > 调整 > 照片滤镜"命令，在弹出的对话框中进行设置，如图 8-202 所示，单击"确定"按钮，效果如图 8-203 所示。艺术照片制作完成。

图 8-202   图 8-203

8.3.23　添加杂色

添加杂色滤镜可以在处理的图像中增加一些细小的颗粒状像素。

打开一幅图像，如图 8-204 所示。选择"滤镜 > 杂色 > 添加杂色"命令，弹出图 8-205 所示的对话框，

图 8-204   图 8-205

"数量"选项用于控制增加噪波的数量，参数值越大，效果越明显。"分布"选项组用于选择干扰属性。"平均分布"项为统一属性。"高斯分布"项为高斯模式。"单色"选项用于控制单色

噪波的色素。

对话框的设置如图 8-206 所示，单击"确定"按钮，效果如图 8-207 所示。

图 8-206

图 8-207

8.3.24　高反差保留

高反差保留滤镜可以删除图像中亮度逐渐变化的部分，并保留色彩变化最大的部分。

8.4　课堂练习——素描图像效果

【练习知识要点】使用特殊模糊滤镜命令和反相命令制作素描图像，使用色阶命令调整图像颜色，效果如图 8-208 所示。

图 8-208

扫码观看
本案例视频

【习题知识要点】使用去色命令将花图片去色，使用照亮边缘滤镜命令、混合模式、反相命令和色阶命令减淡花图片，使用复制图层命令和混合模式制作淡彩图像，效果如图 8-209 所示。

扫码观看
本案例视频

图 8-209

第 9 章

09

商业案例

▶ **本章介绍**

　　本章结合多个应用领域商业案例的实际应用，通过项目背景、项目要求、项目设计和项目制作进一步详解了Photoshop 强大的应用功能和制作技巧。通过本章的学习，读者可以快速地掌握商业案例设计的理念和软件的技术要点，设计制作出专业的案例。

学习目标

- 掌握软件基础知识的使用方法
- 了解 Photoshop 的常用设计领域
- 掌握 Photoshop 在不同设计领域的使用技巧

技能目标

- 掌握"视频图标"的制作方法
- 掌握"音乐 App 界面"的制作方法
- 掌握"游戏网络标志"的制作方法
- 掌握"旅游宣传单"的制作方法
- 掌握"电商广告"的制作方法
- 掌握"影像杂志封面"的制作方法
- 掌握"花卉书籍封面"的制作方法
- 掌握"饮料包装广告"的制作方法
- 掌握"化妆品网页"的制作方法

慕课视频

商业案例

9.1 制作视频图标

9.1.1 项目背景

1. 客户名称

洪城电子科技。

2. 客户需求

洪城电子科技是一家从事电子商务及软件开发的公司。本项目主要是设计一款视频播放图标，要求设计拟物化，用色大胆，画面简单丰富，体现出视频播放的特点。

9.1.2 项目要求

（1）拟物化的图标设计体现出视频播放图标的特点。

（2）运用颜色鲜明的不同图形一起构成丰富的画面。

（3）项目要求风格简约，色彩深沉，给人以典雅的视觉信息。

（4）设计规格为 360mm（宽）× 360mm（高），分辨率为 72 像素 / 英寸。

9.1.3 项目设计

本项目设计流程如图 9-1 所示。

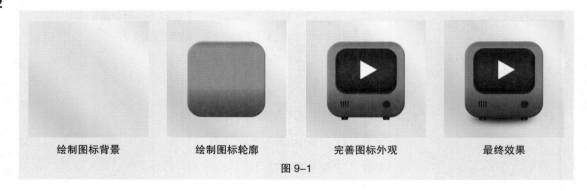

| 绘制图标背景 | 绘制图标轮廓 | 完善图标外观 | 最终效果 |

图 9-1

9.1.4 项目要点

使用渐变工具添加背景颜色，使用圆角矩形工具、椭圆工具和组合按钮制作图形，使用图层样式添加图形效果，使用滤镜命令添加图形材质，使用椭圆选区命令为图形添加投影。

9.1.5 项目制作

1. 绘制图标轮廓（见图9-2～图9-6）

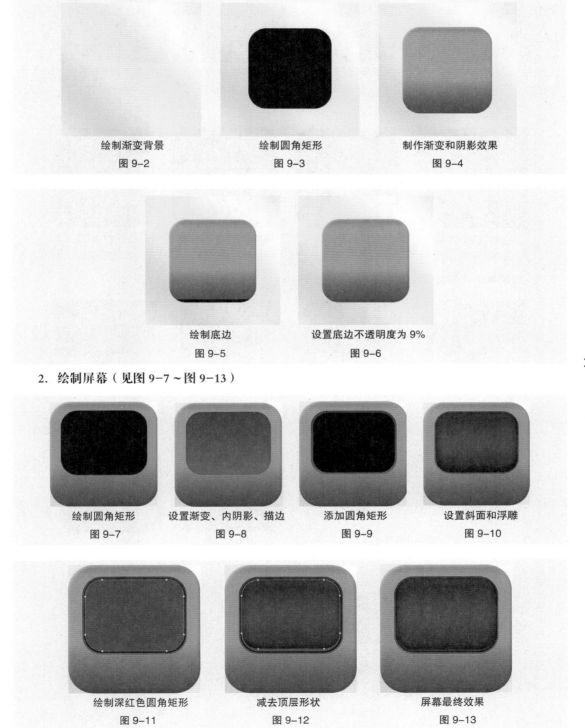

绘制渐变背景

图9-2

绘制圆角矩形

图9-3

制作渐变和阴影效果

图9-4

绘制底边

图9-5

设置底边不透明度为9%

图9-6

2. 绘制屏幕（见图9-7～图9-13）

绘制圆角矩形

图9-7

设置渐变、内阴影、描边

图9-8

添加圆角矩形

图9-9

设置斜面和浮雕

图9-10

绘制深红色圆角矩形

图9-11

减去顶层形状

图9-12

屏幕最终效果

图9-13

3. 绘制喇叭并添加材质（见图 9-14 ~ 图 9-21）

绘制圆角矩形

图 9-14

复制喇叭图形

图 9-15

设置渐变、内阴影

图 9-16

绘制圆形喇叭

图 9-17

添加斜面和浮雕效果

图 9-18

绘制材质圆角矩形

图 9-19

添加杂色和高斯模糊

图 9-20

设置不透明度为 30%

图 9-21

4. 绘制底座和播放按钮（见图 9-22 ~ 图 9-30）

绘制圆角矩形

图 9-22

减去顶层形状

图 9-23

添加渐变、内阴影

图 9-24

绘制底垫圆角矩形

图 9-25

复制底座

图 9-26

绘制播放按钮

图 9-27

设置外发光

图 9-28

绘制投影并设置羽化效果将投影拖曳到适当位置

图 9-29

完成制作

图 9-30

9.2 制作音乐 App 界面

9.2.1 项目背景

1. 客户名称

小蜗音乐。

2. 客户需求

扫码观看 本案例视频1　扫码观看 本案例视频2　扫码观看 本案例视频3　扫码观看 本案例详细步骤　扫码观看 扩展案例

小蜗音乐是小蜗网为音乐爱好者量身定做的免费音乐 App。它拥有近乎完美的无线音乐解决方案，推出离线模式，可离线收听音乐。现需要根据软件模式及内容设计宣传单，设计要求美观大方、功能全面、主题突出。

9.2.2 项目要求

（1）界面设计要求美观精致、功能齐全。

（2）色彩搭配自然大气，使用深色背景搭配浅色文字，观看舒适。

（3）画面以歌手写真为背景，效果独特。

（4）设计规格为 640mm（宽）× 1136mm（高），分辨率为 72 像素 / 英寸。

9.2.3 项目设计

本项目设计流程如图 9-31 所示。

绘制图标背景　　　　　绘制 CD 轮廓　　　　　添加文字信息　　　　　最终效果

图 9-31

9.2.4 项目要点

使用渐变工具添加底图颜色，使用置入命令置入图片，使用椭圆工具、钢笔工具和剪贴蒙版制作CD盘，使用图层样式添加阴影效果，使用横排文字工具添加文字，使用自定形状工具绘制基本形状。

9.2.5 项目制作

1. 制作背景图（见图 9-32 ~ 图 9-36）

添加渐变背景	添加背景图片	添加图层蒙版	设置混合模式	添加小图标
图 9-32	图 9-33	图 9-34	图 9-35	图 9-36

2. 制作 CD 盘（见图 9-37 ~ 图 9-51）

绘制两个圆形	绘制形状	创建剪贴蒙版
图 9-37	图 9-38	图 9-39

绘制圆形	设置投影	复制并调整图层
图 9-40	图 9-41	图 9-42

创建剪贴蒙版	绘制圆环	设置不透明度为 45%
图 9-43	图 9-44	图 9-45

绘制圆形并添加投影

图 9-46

复制并调整圆形

图 9-47

制作另一个圆形

图 9-48

添加文字并调整不透明度

图 9-49

添加文字

图 9-50

添加图层蒙版

图 9-51

3. 添加图标（见图 9-52 ～图 9-59）

绘制矩形

图 9-52

添加小图标

图 9-53

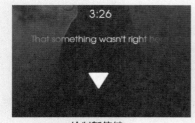
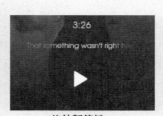

绘制暂停键

图 9-54

旋转暂停键

图 9-55

复制并调整按钮

图 9-56

绘制矩形

图 9-57

复制并翻转按钮

图 9-58

绘制其他按钮，完成制作

图 9-59

9.3 制作游戏网络标志

9.3.1 项目背景

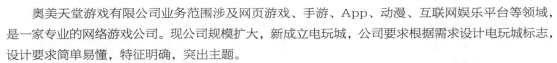

1. 客户名称

奥美天堂游戏有限公司。

2. 客户需求

奥美天堂游戏有限公司业务范围涉及网页游戏、手游、App、动漫、互联网娱乐平台等领域，是一家专业的网络游戏公司。现公司规模扩大，新成立电玩城，公司要求根据需求设计电玩城标志，设计要求简单易懂，特征明确，突出主题。

9.3.2 项目要求

（1）图标设计要求美观精致，识别度高。

（2）拟物化的图标设计体现出公司特点。

（3）图标色彩要求高端大气，同时附有变化。

（4）设计规格为 1181mm（宽）× 1181mm（高），分辨率为 72 像素 / 英寸。

9.3.3 项目设计

本项目设计流程如图 9-60 所示。

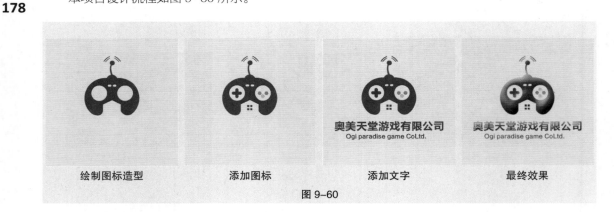

绘制图标造型　　　　　添加图标　　　　　添加文字　　　　　最终效果

图 9-60

9.3.4 项目要点

使用图层样式添加背景图案样式及图形效果，使用圆角矩形工具、钢笔工具和路径操作按钮制作图形。

9.3.5 项目制作（见图9-61～图9-79）

填充底图图案

图 9-61

绘制手柄

图 9-62

绘制形状

图 9-63

减去顶层形状

图 9-64

绘制减去的圆形

图 9-65

复制减去的圆形

图 9-66

绘制减去的圆角矩形

图 9-67

复制减去的圆角矩形

图 9-68

绘制合并的椭圆形

图 9-69

绘制天线

图 9-70

绘制合并的圆形

图 9-71

绘制合并的形状

图 9-72

绘制矩形

图 9-73

复制矩形

图 9-74

绘制合并的圆角矩形

图 9-75

绘制圆形按钮

图 9-76

复制并调整按钮

图 9-77

添加文字

图 9-78

设置斜面和浮雕、内发光和投影，完成制作

图 9-79

9.4 制作旅游宣传单

9.4.1 项目背景

1. 客户名称

红太阳旅行社。

2. 客户需求

红太阳旅行社是一家经营各类旅行活动的旅游公司，包括车辆出租、带团旅行等活动。旅行社要为暑期旅游制作宣传单，需根据公司经营内容及景区风景制作宣传单，设计要求清新自然，主题突出。

9.4.2 项目要求

（1）本期宣传单要求其背景体现出旅行的特点。

（2）色彩搭配要求自然大气。

（3）画面以风景照片为主，效果独特、文字清晰，能达到吸引游客的目的。

（4）设计规格为 210mm（宽）× 297mm（高），分辨率为 300 像素 / 英寸。

9.4.3 项目设计

本项目设计流程如图 9-80 所示。

添加背景图片　　　　　添加背景装饰　　　　　添加文字信息　　　　　最终效果

图 9-80

9.4.4 项目要点

使用创建新的填充或调整图层按钮调整图像色调，使用添加图层蒙版按钮、画笔工具调整图像显示效果，使用横排文字工具添加文字信息，使用椭圆工具和矩形工具添加装饰图形。

9.4.5 项目制作

1. 制作背景图（见图 9-81 ~ 图 9-91）

添加图片

图 9-81

为"大山"图层添加蒙版

图 9-82

调整"天空"图层色调

图 9-83

调整"大山"图层色调

图 9-84

添加云雾图片

图 9-85

设置不透明度为 80%

图 9-86

添加图层蒙版

图 9-87

调整图片色调

图 9-88

绘制圆形选区

图 9-89

填充并取消选区

图 9-90

设置不透明度为 60%

图 9-91

2. 添加标题文字及装饰图形（见图 9-92 ~ 图 9-107）

输入文字

图 9-92

设置文字倾斜

图 9-93

输入并调整文字

图 9-94

设置投影

图 9-95

添加太阳

图 9-96

设置投影

图 9-97

输入并调整文字

图 9-98

设置投影

图 9-99

输入并调整文字，设置投影

图 9-100

输入并调整文字

图 9-101

绘制圆形

图 9-102

水平向右复制圆形

图 9-103

绘制直线并复制直线

图 9-104

绘制矩形

图 9-105

绘制矩形选区

图 9-106

删除选区内图像，取消选区

图 9-107

3．添加详情文字（见图9-108～图9-116）

输入并调整文字
图 9-108

设置文字倾斜
图 9-109

设置投影
图 9-110

输入并调整文字
图 9-111

绘制直线
图 9-112

输入并调整文字
图 9-113

添加标志
图 9-114

添加二维码
图 9-115

输入并调整文字，完成制作
图 9-116

9.5　制作电商广告

9.5.1　项目背景

1. 客户名称

ELEGANCE 服饰店。

2. 客户需求

　　ELEGANCE 服饰店是一家专业出售女士服饰的专卖店，一直深受崇尚时尚的女孩们的喜爱。服饰店要为 2018 年春季新款服饰制作网页焦点广告，要求网页广告典雅时尚，体现店铺的特点。

9.5.2　项目要求

　　（1）设计要求以服饰相关的图片为主要内容图片。

　　（2）运用颜色鲜明较有现代感的图片，使其与文字一起构成丰富的画面。

　　（3）设计要求体现本店时尚、简约的风格，色彩淡雅，给人活泼清雅的视觉感觉。

　　（4）要求对文字进行特色设计，使消费者快速了解店铺信息。

　　（5）设计规格为 1920mm（宽）×600mm（高），分辨率为 72 像素 / 英寸。

9.5.3　项目设计

　　本项目设计流程如图 9-117 所示。

图 9-117

9.5.4　项目要点

　　使用横排文字工具添加文字信息，使用椭圆工具、矩形工具和直线工具添加装饰图形，使用置入命令置入图像。

9.5.5 项目制作（见图 9-118 ～图 9-127）

打开背景图

图 9-118

绘制底图

图 9-119

输入文字

图 9-120

调整文字

图 9-121

绘制圆形

图 9-122

输入文字

图 9-123

绘制并复制直线

图 9-124

绘制矩形

图 9-125

输入并调整文字

图 9-126

添加人物图片，完成制作

图 9-127

9.6 制作影像杂志封面

9.6.1 项目背景

1. 客户名称

人像世界杂志社。

2. 客户需求

扫码观看 本案例视频　扫码观看 本案例详细步骤　扫码观看 扩展案例

《人像世界》杂志，围绕产品线与运作各个流程环节，分为经营、时尚风向、摄影、制作、器材五大版块内容，提供影楼行业所需的各方面资讯和解决方案。同时广泛关注社会潮流与消费趋势。现为新一期杂志设计封面，要求设计新颖别致，突出人像杂志的特色及时尚杂志的特点。

9.6.2 项目要求

（1）封面设计要求体现出人像杂志的特点。

（2）图文搭配合理，布局明确，主题清晰。

（3）以人物摄影图片为主体，向顾客传达真实的信息内容。

（4）设计规格为 210mm（宽）× 285mm（高），分辨率为 150 像素／英寸。

9.6.3 项目设计

本项目设计流程如图 9-128 所示。

添加背景图片

添加背景装饰

添加文字信息

最终效果

图 9-128

9.6.4 项目要点

使用置入命令置入人物图像，使用创建新的填充或调整图层按钮调整图像色调，使用横排文字工具添加文字信息，使用矩形工具添加装饰图形，使用添加图层样式按钮给文字添加投影。

9.6.5 项目制作（见图 9-129～图 9-141）

打开背景图

图 9-129

调整图像色调

图 9-130

分别输入文字

图 9-131

绘制矩形

图 9-132

分别输入并调整文字

图 9-133

调整文字对齐和字体、大小

图 9-134

制作其他文字

图 9-135

输入文字

图 9-136

设置投影

图 9-137

输入并调整文字

图 9-138

设置投影

图 9-139

绘制矩形

图 9-140

添加条形码，完成制作

图 9-141

9.7 制作花卉书籍封面

9.7.1 项目背景

1. 客户名称

花艺工坊。

2. 客户需求

花艺工坊是一家致力于将花艺爱好者培养成花艺设计师的花艺坊。随着潮流不断变化，花艺设计逐渐普及众人、与生活息息相关，其宗旨是让花艺爱好者时刻体验花艺的美感，让生活处处有惊喜。本项目为花艺工坊制作书籍封面，要求新颖别致，体现出花艺艺术的特点。

9.7.2 项目要求

（1）广告设计要求体现出花艺艺术的特点。

（2）以实景照片作为封面的背景底图，文字与图片搭配合理，具有美感。

（3）要求围绕照片进行色彩设计搭配，达到舒适自然的效果。

（4）整体的感觉要求时尚美观，并且体现出书籍的专业性。

（5）设计规格为 391mm（宽）× 266mm（高），分辨率为 150 像素 / 英寸。

9.7.3 项目设计

本项目设计流程如图 9-142 所示。

制作书籍封面

添加封面信息

添加书脊信息

制作书籍封底

图 9-142

9.7.4　项目要点

　　使用新建参考线命令添加参考线，使用置入命令置入图片，使用剪切蒙版命令和矩形工具制作图像显示效果，使用文字工具添加文字信息，使用钢笔工具和直线工具添加装饰图案，使用图层混合模式选项更改图像的显示效果。

9.7.5　项目制作

1.　制作封面（见图 9-143～图 9-161）

填充背景

图 9-143

添加参考线

图 9-144

绘制矩形

图 9-145

添加图片并创建剪贴蒙版

图 9-146

栅格化图层并调整色阶

图 9-147

绘制形状

图 9-148

设置不透明度为 80%

图 9-149

输入并调整文字

图 9-150

创建剪贴蒙版

图 9-151

输入并调整文字

图 9-152

绘制直线

图 9-153

输入并调整文字

图 9-154

输入并调整直排文字

图 9-155

设置投影

图 9-156

绘制圆角矩形

图 9-157

输入并调整文字

图 9-158

载入文字选区

图 9-159

删除选区中的图像

图 9-160

输入并调整文字

图 9-161

2. 制作书脊和封底（见图 9-162 ~ 图 9-171）

输入并调整文字

图 9-162

复制并拖曳标志图形

图 9-163

添加图片

图 9-164

设置混合模式

图 9-165

添加图层蒙版

图 9-166

绘制矩形

图 9-167

添加条形码

图 9-168

输入并调整文字

图 9-169

输入并调整文字

图 9-170

完成制作

图 9-171

9.8 制作饮料包装广告

9.8.1 项目背景

1. 客户名称

TIANLE 有限责任公司。

2. 客户需求

TIANLE 有限责任公司是一家专门做产品包装的公司，为各类不同产品设计和制作精美包装。本项目是为鲜果汁饮品制作包装盒广告，要求清晰明确地体现出鲜果汁饮品的特点。

9.8.2 项目要求

（1）广告设计要求体现出新鲜果汁包装盒的特点。

（2）整体色彩搭配亮丽清新，体现鲜果汁的口味。

（3）以实物产品图片的展示，向顾客传达真实的信息内容。

（4）设计规格为 150mm（宽）×100mm（高），分辨率为 300 像素 / 英寸。

9.8.3 项目设计

本项目设计流程如图 9-172 所示。

制作背景图片　　　　　　　　　　　　　添加装饰图案

添加文字信息　　　　　　　　　　　　　最终效果

图 9-172

9.8.4 项目要点

使用置入命令置入图片，使用椭圆工具、矩形工具和钢笔工具绘制装饰图案，使用添加锚点工具、直接选择工具、转换点工具调整锚点，使用横排文字工具添加文字信息。

9.8.5 项目制作（见图 9–173～图 9–186）

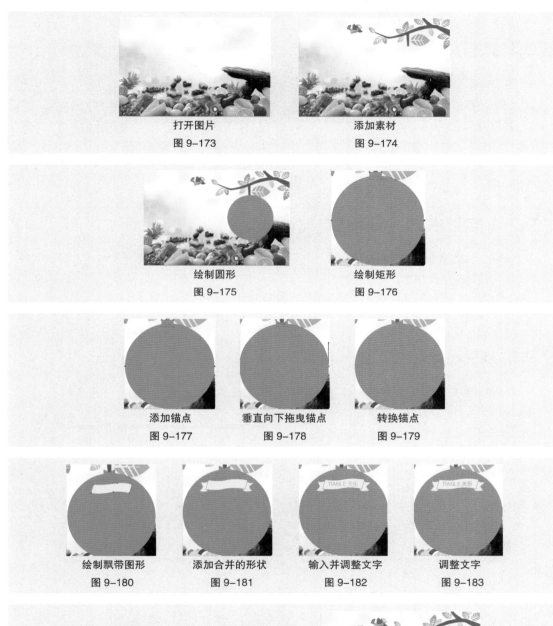

打开图片

图 9-173

添加素材

图 9-174

绘制圆形

图 9-175

绘制矩形

图 9-176

添加锚点

图 9-177

垂直向下拖曳锚点

图 9-178

转换锚点

图 9-179

绘制飘带图形

图 9-180

添加合并的形状

图 9-181

输入并调整文字

图 9-182

调整文字

图 9-183

创建文字变形

图 9-184

输入并调整文字

图 9-185

添加产品，完成制作

图 9-186

9.9 制作化妆品网页

9.9.1 项目背景

1. 客户名称

AS SKIN 化妆品店。

2. 客户需求

扫码观看 本案例视频1　扫码观看 本案例视频2　扫码观看 本案例视频3　扫码观看 本案例视频4　扫码观看 本案例详细步骤　扫码观看 扩展案例

AS SKIN 是一家专门销售进口化妆品的化妆品店，某化妆品种类繁多，适合各个年龄阶段的人使用，深受受众喜爱。目前为提高店铺知名度，需要制作网站，网站设计要求围绕主题，体现出化妆品店的特点。

9.9.2 项目要求

（1）网页风格淡雅精致，内容丰富。

（2）设计要求形式多样，注重细节。

（3）以真实的产品图做展示，层次分明，具有吸引力。

（4）设计规格为 585mm（宽）×312mm（高），分辨率为 72 像素 / 英寸。

9.9.3 项目设计

本项目设计流程如图 9-187 所示。

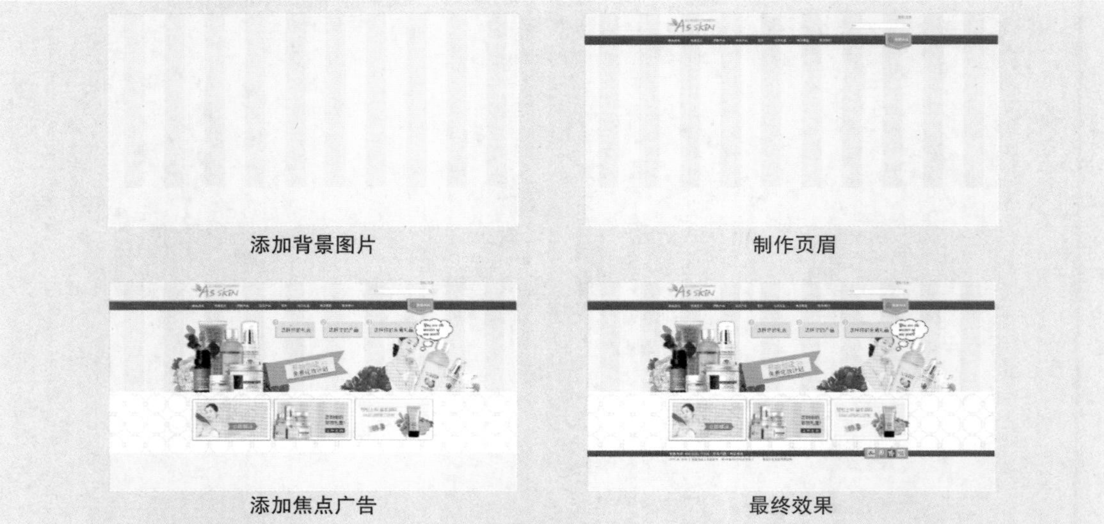

添加背景图片

制作页眉

添加焦点广告

最终效果

图 9-187

9.9.4 项目要点

使用矩形选框工具、钢笔工具和填充命令绘制装饰图形，使用横排文字工具添加文字，使用图层样式按钮添加图形效果，使用置入命令置入图片。

9.9.5 项目制作

1. 制作页眉效果（见图 9-188 ~ 图 9-206）

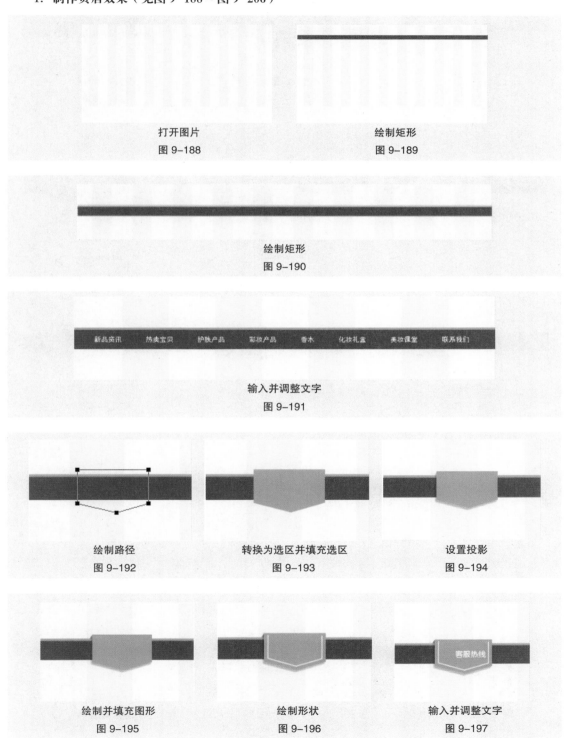

打开图片

图 9-188

绘制矩形

图 9-189

绘制矩形

图 9-190

输入并调整文字

图 9-191

绘制路径

图 9-192

转换为选区并填充选区

图 9-193

设置投影

图 9-194

绘制并填充图形

图 9-195

绘制形状

图 9-196

输入并调整文字

图 9-197

设置投影
图 9-198

输入并调整文字
图 9-199

添加标志图形
图 9-200

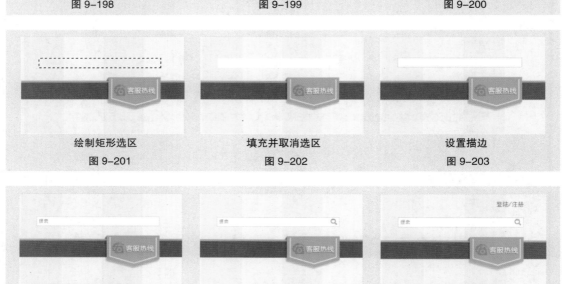

绘制矩形选区
图 9-201

填充并取消选区
图 9-202

设置描边
图 9-203

输入并调整文字
图 9-204

添加放大镜图形
图 9-205

输入并调整文字
图 9-206

2. 制作焦点广告（见图 9-207～图 9-222）

添加化妆品
图 9-207

绘制路径
图 9-208

填充并取消选区
图 9-209

绘制矩形
图 9-210

旋转矩形角度
图 9-211

设置投影

图 9-212

输入并调整文字

图 9-213

调整需要的文字

图 9-214

设置投影和描边

图 9-215

旋转文字角度

图 9-216

添加文本框

图 9-217

绘制矩形选区

图 9-218

填充并取消选区

图 9-219

添加图形

图 9-220

创建剪贴蒙版

图 9-221

添加 banner

图 9-222

3. 制作页脚（见图 9-223～图 9-232）

绘制矩形选区	填充并取消选区
图 9-223	图 9-224
输入并调整文字	填充文字
图 9-225	图 9-226
输入并调整文字	绘制竖线
图 9-227	图 9-228
水平向右复制竖线	复制其他竖线
图 9-229	图 9-230

添加图标

图 9-231

完成制作

图 9-232

9.10 课堂练习——制作电视广告

9.10.1 项目背景

1. 客户名称

科影电器。

2. 客户需求

科影电器是一家生产和销售电子设备的公司。其"超大屏幕，超薄机身配置"的特色深受影视爱好者的喜爱。现公司要求为新出品的"3D全景显示器"制作广告。要求设计简洁大气，主题突出。

9.10.2 项目要求

（1）广告风格淡雅精致。

（2）要求设计形式多样，注重细节。

（3）以实物做展示，突出主题，具有吸引力。

（4）设计规格为 585mm（宽）×312mm（高），分辨率为 72 像素/英寸。

9.10.3 项目设计

本项目设计效果如图 9-233 所示。

图 9-233

9.10.4 项目要点

使用渐变工具添加底图颜色，使用钢笔工具和剪贴蒙版制作电视主体，使用画笔工具为电视机和模型添加阴影效果，使用图层蒙版和渐变工具制作视觉效果，使用横排文字工具添加文字。

9.10.5 项目制作（见图 9-234～图 9-256）

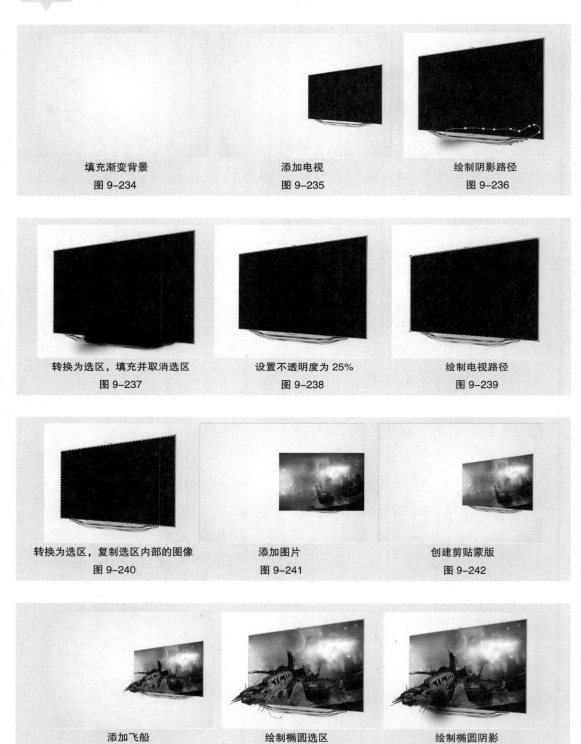

填充渐变背景
图 9-234

添加电视
图 9-235

绘制阴影路径
图 9-236

转换为选区，填充并取消选区
图 9-237

设置不透明度为 25%
图 9-238

绘制电视路径
图 9-239

转换为选区，复制选区内部的图像
图 9-240

添加图片
图 9-241

创建剪贴蒙版
图 9-242

添加飞船
图 9-243

绘制椭圆选区
图 9-244

绘制椭圆阴影
图 9-245

旋转阴影角度

图 9-246

移动阴影位置

图 9-247

设置不透明度为 74%

图 9-248

添加图层蒙版

图 9-249

输入并调整文字

图 9-250

调整需要的文字

图 9-251

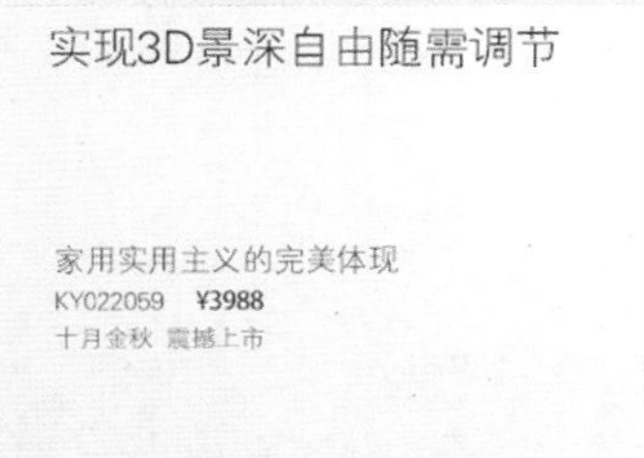

输入并分别调整文字

图 9-252

添加标志

图 9-253

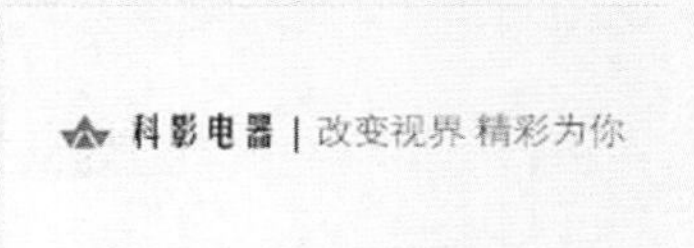

输入并分别调整文字

图 9-254

绘制矩形

图 9-255

添加信息文字，完成制作

图 9-256

9.11 课后习题——制作美食书籍封面

9.11.1 项目背景

扫码观看本案例视频 1

扫码观看本案例视频 2

1. 客户名称

玉石龙餐饮出版社。

2. 客户需求

《烘焙小屋》是一本围绕烘焙美食、糕点等内容而编写的书籍，书籍内容广泛，非常适合想要学习制作烘焙美食的爱好者阅读。目前该书籍即将出版，玉石龙餐饮出版社要求制作一款书籍封面，要求其能够让人感受到糕点的精致可口和简单易做。

9.11.2 项目要求

（1）封面的背景使用黄绿色，使画面散发出生机和活力，并看起来色彩饱满，能够引起食欲。

（2）封面的图案要包含中国传统的文化元素，并且使用素雅的花纹作为装饰。

（3）图文搭配合理，版式设计新颖。

（4）封面的整体风格具有雅致温馨的气息。

（5）设计规格为 376mm（宽）×266mm（高），分辨率为 72 像素 / 英寸。

9.11.3 项目设计

本项目设计效果如图 9-257 所示。

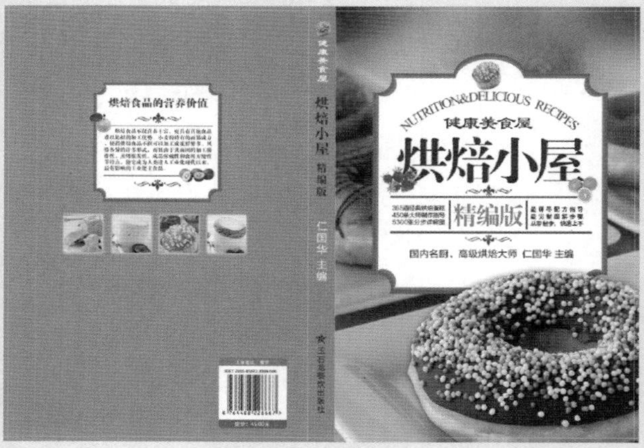

图 9-257

9.11.4 项目要点

使用新建参考线命令添加参考线，使用矩形工具、椭圆工具和组合按钮制作装饰图形，使用钢笔工具和横排文字工具制作路径文字，使用投影命令为图片添加投影，使用自定形状工具绘制基本形状。

9.11.5 项目制作

1. 制作封面效果（见图9-258~图9-284）

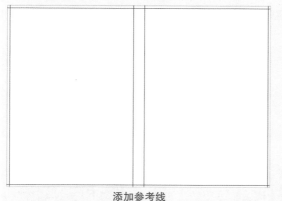

添加参考线

图 9-258

添加图片

图 9-259

绘制矩形路径

图 9-260

绘制椭圆形

图 9-261

水平向右复制椭圆形

图 9-262

垂直向下复制椭圆形

图 9-263

组合图形

图 9-264

转化为选区，填充并取消选区

图 9-265

绘制椭圆形

图 9-266

复制、变换图形并载入选区

图 9-267

填充并取消选区

图 9-268

复制并制作图形

图 9-269

添加小面包

图 9-270

输入并分别调整文字

图 9-271

制作路径文字

图 9-272

调整文字并隐藏路径

图 9-273

输入并调整文字

图 9-274

分别输入并调整文字

图 9-275

绘制直线

图 9-276

垂直向下复制直线

图 9-277

绘制并复制竖线

图 9-278

绘制百合花饰形状

图 9-279

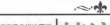

绘制装饰形状

图 9-280

水平向右复制形状

图 9-281

复制并翻转图形

图 9-282

添加多个图形   设置投影

图 9-283   图 9-284

2. 制作封底和书脊（见图 9-285 ~ 图 9-293）

绘制矩形   分别添加图片

图 9-285   图 9-286

绘制矩形   复制并调整小面包

图 9-287   图 9-288

分别输入并调整文字

图 9-289

输入并调整文字

图 9-290

添加星形形状

图 9-291

输入并调整文字

图 9-292

完成制作

图 9-293

常用工具
速查表

常用快捷键
速查表